国家出版基金项目
NATIONAL PUBLICATION FOUNDATION

"十三五"国家重点图书出版规划项目
中国特色畜禽遗传资源保护与利用丛书

固　始　鸡

李孝法　魏　锟　易秀云　主编

中国农业出版社

北　京

图书在版编目（CIP）数据

固始鸡 / 李孝法，魏锟，易秀云主编 . —北京：
中国农业出版社，2019.12
（中国特色畜禽遗传资源保护与利用丛书）
国家出版基金项目
ISBN 978 - 7 - 109 - 26272 - 0

Ⅰ.①固… Ⅱ.①李… ②魏… ③易… Ⅲ.①鸡—饲
养管理 Ⅳ.①S831.4

中国版本图书馆 CIP 数据核字（2019）第 274781 号

内容提要：固始鸡是我国地方鸡品种的典型代表，具有耐粗饲、抗逆性强、肉蛋兼用、蛋品优良等特点，是国家重点保护的畜禽品种之一，1989 年被列入《中国家禽品种志》。

本书从固始鸡的品种起源与形成过程、品种特征和生产性能、品种保护措施、品种繁育、营养需求与常用饲料、饲养管理技术、疾病防控技术、鸡场建设与环境控制、废弃物处理与资源化利用、产品开发与品牌建设方面进行了系统论述。本书可为从事地方鸡种遗传资源保护与利用研究及地方鸡种养殖的人员参考使用。

中国农业出版社出版
地址：北京市朝阳区麦子店街 18 号楼
邮编：100125
责任编辑：王森鹤
版式设计：杨　婧　责任校对：吴丽婷
印刷：北京通州皇家印刷厂
版次：2019 年 12 月第 1 版
印次：2019 年 12 月北京第 1 次印刷
发行：新华书店北京发行所
开本：720mm×960mm　1/16
印张：11.5
字数：200 千字
定价：80.00 元

丛书编委会

本书编写人员

主　编　李孝法　魏　锟　易秀云

副主编　赵传发　李志明　严俊华　付兆生　吴胜军
　　　　　梁　莹

参　编　（按姓氏笔画排序）
　　　　　马　莲　马　翔　王丹丹　卢俊刚　叶章运
　　　　　付　晓　刘　贤　江　涛　祁传统　孙　健
　　　　　张子敬　张文翔　陈云峰　陈志杰　陈新科
　　　　　祝　炜　袁红叶　桂　彬　徐春林　黄永震
　　　　　韩莹莹　曾　华　魏云华

审　稿　王克华

　　我国是世界上畜禽遗传资源最为丰富的国家之一。多样化的地理生态环境、长期的自然选择和人工选育，造就了众多体型外貌各异、经济性状各具特色的畜禽遗传资源。入选《中国畜禽遗传资源志》的地方畜禽品种达 500 多个、自主培育品种达 100 多个，保护、利用好我国畜禽遗传资源是一项宏伟的事业。

　　国以农为本，农以种为先。习近平总书记高度重视种业的安全与发展问题，曾在多个场合反复强调，"要下决心把民族种业搞上去，抓紧培育具有自主知识产权的优良品种，从源头上保障国家粮食安全"。近年来，我国畜禽遗传资源保护与利用工作加快推进，成效斐然：完成了新中国成立以来第二次全国畜禽遗传资源调查；颁布实施了《中华人民共和国畜牧法》及配套规章；发布了国家级、省级畜禽遗传资源保护名录；资源保护条件能力建设不断提升，支持建设了一大批保种场、保护区和基因库；种质创制推陈出新，培育出一批生产性能优越、市场广泛认可的畜禽新品种和配套系，取得了显著的经济效益和社会效益，为畜牧业发展和农牧民脱贫增收作出了重要贡献。然而，目前我国系统、全面地介绍单一地方畜禽遗传资源的出版物极少，这与我国作为世界畜禽遗传资源大国的地位极不相称，不利于优良地方畜禽遗传资源的合理保护和科学开发利用，也不利于加快推进现代畜禽种业建设。

为普及对畜禽遗传资源保护与开发利用的技术指导，助力做大做强优势特色畜牧产业，抢占种质科技的战略制高点，在农业农村部种业管理司领导下，由全国畜牧总站策划、中国农业出版社出版了这套"中国特色畜禽遗传资源保护与利用丛书"。该丛书立足于全国畜禽遗传资源保护与利用工作的宏观布局，组织以国家畜禽遗传资源委员会专家、各地方畜禽品种保护与利用从业专家为主体的作者队伍，以每个畜禽品种作为独立分册，收集汇编了各品种在管、产、学、研、用等相关行业中积累形成的数据和资料，集中展现了畜禽遗传资源领域最新的科技知识、实践经验、技术进展与成果。该丛书覆盖面广、内容丰富、权威性高、实用性强，既可为加强畜禽遗传资源保护、促进资源开发利用、制定产业发展相关规划等提供科学依据，也可作为广大畜牧从业者、科研教学工作者的作业指导书和参考工具书，学术与实用价值兼备。

丛书编委会

2019 年 12 月

序言

　　我国是世界畜禽遗传资源大国，具有数量众多、各具特色的畜禽遗传资源。这些丰富的畜禽遗传资源是畜禽育种事业和畜牧业持续健康发展的物质基础，是国家食物安全和经济产业安全的重要保障。

　　随着经济社会的发展，人们对畜禽遗传资源认识的深入，特色畜禽遗传资源的保护与开发利用日益受到国家重视和全社会关注。切实做好畜禽遗传资源保护与利用，进一步发挥我国特色畜禽遗传资源在育种事业和畜牧业生产中的作用，还需要科学系统的技术支持。

　　"中国特色畜禽遗传资源保护与利用丛书"是一套系统总结、翔实阐述我国优良畜禽遗传资源的科技著作。丛书选取一批特性突出、研究深入、开发成效明显、对促进地方经济发展意义重大的地方畜禽品种和自主培育品种，以每个品种作为独立分册，系统全面地介绍了品种的历史渊源、特征特性、保种选育、营养需要、饲养管理、疫病防治、利用开发、品牌建设等内容，有些品种还附录了相关标准与技术规范、产业化开发模式等资料。丛书可为大专院校、科研单位和畜牧从业者提供有益学习和参考，对于进一步加强畜禽遗

1

传资源保护，促进资源可持续利用，加快现代畜禽种业建设，助力特色畜牧业发展等都具有重要价值。

中国科学院院士
中国农业大学教授 吴常信

2019 年 12 月

　　我国复杂的地形地貌及多样的生态与文化孕育了丰富的畜禽遗传资源，这是一笔巨大的基因宝藏，是培育新品种不可或缺的原始素材。根据品种资源调查和国家畜禽遗传资源委员会家禽专业委员会审核（2010 年），截止到 2016 年我国有家禽遗传资源共计 350 个，其中地方鸡品种 107 个。固始鸡是我国地方鸡品种的典型代表，具有耐粗饲、抗逆性强、肉蛋兼用、肉美汤鲜、蛋品优良、营养滋补等特点，是国家重点保护的畜禽品种之一，1989 年被列入《中国家禽品种志》。

　　固始鸡因为其典型的特征、优良的特性，数百年来备受人们的关注。早在明清时期，固始鸡就"四海闻名"，被列为宫廷贡品。中华人民共和国成立后，党和政府号召大力发展固始鸡养殖，20 世纪六七十年代，固始鸡及其鲜蛋被国家指定为北京、天津、上海三大城市特供商品。1977 年 7月，农业部在固始县兴建了固始鸡原种场，专门开展固始鸡的提纯复壮研究，使固始鸡走上了科学选育的道路。特别是改革开放后，固始鸡的保护和利用受到了各级党委、政府和业务部门的高度重视和支持，1996 年固始县以固始鸡原种场为核心组建了河南三高农牧股份有限公司，走"公司＋基地＋农户"的路子，从育种、供种、服务到产品回收、销售，实施固始鸡产业化开发，取得了显著成效。多年来，在固始鸡有效保护和种质特性研究的基础上，通过与河南农业大学、华中农业大学、信阳农林学院及中国农业科学院家禽研究所等高校和科研院所合作，联合开展选育研究，先后培育出"三高青脚黄鸡3号"和"豫粉1号蛋鸡"两个国家级新品种，并获得《畜禽新品种证书》。累计推广种鸡1 000多套，成为河南省和全国重点推广的鸡种。固始鸡、固始鸡蛋还获得国家生态原产地产品保护认证。

进入21世纪，固始鸡肉蛋兼用、品质优良的特性成为产业开发的优势条件。地方政府抢抓机遇、因势利导，依托龙头企业研发产品、注册商标、宣传推广、开拓市场，走出了一条保种利用和产业开发相融合、相促进的健康发展之路，取得了宝贵的经验，发挥了巨大的经济、社会和生态效益。

我们开展固始鸡保种、利用、开发40年，共承担国家、省、市科研及业务专项50余项，取得国家、省、市科研成果及专利 40 多项，其中国家科学技术进步奖 2 项，发表论文 100 余篇。这些项目由河南省畜牧局、信阳市畜牧局、固始县畜牧局先后主导实施；河南省农业科学院、河南农业大学、河南三高农牧股份有限公司参与其中。先后有 100 多名科技工作人员从事该项工作，全国参与专家、教授达 60 余人。取得了显著成果，培养锻炼了一大批专业技术人才。

为更好地保护和开发利用固始鸡这一品牌资源，我们组织有关人员对多年来的研究资料进行了整理，从固始鸡的品种起源和形成过程、品种特征和生产性能、品种保护措施、品种繁育、营养需求与常用饲料、饲养管理技术、疾病防控技术、鸡场建设与环境控制、废弃物处理与资源化利用、产品开发与品牌建设等方面进行了系统论述。为固始鸡的可持续发展提供科学依据，为固始鸡产业开发提供理论基础和技术支持。本书可供从事地方鸡种遗传资源保护与利用研究及地方鸡种养殖的人员使用。

本书的编写者都是固始鸡保种选育、开发利用的参与者、研究者，具有丰富的实践经验，所以该书的出版具有很高的

参考价值。但由于水平有限，纰漏之处在所难免，敬请读者
批评指正！

编 者

2019 年 5 月

目

录

第一章
固始鸡品种的形成

第一节　固始鸡产区自然生态条件

一、固始鸡的中心产区及目前分布范围

固始鸡是我国优良地方鸡种之一，以耐粗饲、抗逆性强、肉蛋兼用、肉美汤鲜、蛋品优良、营养滋补等特点而闻名于世，是我国著名的肉蛋兼用型地方优良鸡种，国家重点保护的畜禽品种之一。固始鸡原产于河南省固始县，主要分布于河南省固始县境内，自古就有"固始鸡因固始县而得名，固始县因固始鸡而扬名"之说。固始县周边的商城、新县、淮滨，安徽省的霍邱、金寨等县与固始县接壤的乡村也有分布。

目前，经过持续多年的产业化开发，固始鸡已形成了以固始县为中心产区，广泛分布于全国 23 个省（自治区、直辖市）的产业格局。

二、产区自然生态条件

（一）地理位置

固始县位于河南省东南部，是河南、湖北、安徽三省的交界处，南依大别山，北临淮河，地处江淮之间。地理坐标为东经 115°20′35″—115°56′17″，北纬 31°45′19″—32°34′50″。县界北隔淮河与安徽省阜南县、颍上县相望，东与安徽省霍邱县接壤，南与安徽省金寨县、六安市叶集区为邻，西部由北至南分别与本省的淮滨、潢川、商城等三县毗连。南北长 94.16 km，东西宽 56.19 km，县域总面积 2 946 km²，属华东与中原交融，中国南北地理区过渡地带。

（二）地形地貌

固始县地势南高北低，由西南略向东北倾斜，与全国西高东低、大江东去的地形有着明显的差异。固始县的平均坡降比为 1/2 000，最高点曹家寨山，海拔 1 025.6 m，最低处石槽河入淮口，海拔 22.4 m。南部为低山区，群山起伏，峰峦叠嶂，主要有曹家寨山、五尖山、大扬山、奶奶庙山、皇姑山、富金山、妙高寺山、萝卜山等，占全县总面积的 9.35%；中部为冲积平原，占全县总面积的 33.3%；山区北缘，即方集、陈淋子公路以北为孤陵残丘，占全县总面积的 15.4%；中南部为垄岗地带，占全县总面积的 28.83%；北部为沿淮浅丘和低洼易涝区，占全县总面积的 8.2%；淮河、史河、灌河、泉河、白露河等 16 条河流均由南向北注入淮河，河道及行洪滩地占全县总面积的 5.9%。

（三）气候

固始县地处江淮之间，属亚热带向暖温带过渡的季风性气候，中国南北地理分界线（秦岭-淮河分界线）穿境而过，是中国的南北气候过渡地带，素有"北国江南，江南北国"之称。这里气候湿润，雨量丰沛，四季分明，年平均气温 15.3 ℃，年平均降水量 1 076 mm，年平均日照 2 150 h，年平均降水天数为 118 d，年蒸发量 1 389.1 mm。无霜期 228 d，雨热同季。全年相对湿度74%，属湿润、半湿润区。主导风向秋冬季节为北风或东北风，春夏季节为南风或东南风。

（四）植被

固始县境植被表现为由北亚热带常绿阔叶林和落叶阔叶林地带向暖带的落叶阔叶林地带过渡，植被主要为水平分布，自然植被与人工植被相互交错，具有多种群落外貌。其中，以人工或次生植被为主。

（五）物产

固始县地域开阔，现有耕地 11.3 万 hm²，林地 2.8 万 hm²，宜渔水面 1.2 万 hm²，境内动植物种类繁多，物产丰富。粮食作物以稻、麦为主，经济作物主要有油菜、麻类、棉花、花生、大豆、茶叶、毛元竹、板栗、油桐、药材、蚕茧、水果等。动物有淮南猪、固始鸡、固始麻鸡、固始白鹅、槐山羊等，其中淮南猪、固始鸡早已闻名遐迩；畜禽产品以猪、羊、鸡、鸭、鱼、蛋、兔、羽绒为大宗。清代贡品"固始皮丝"，更是保健养生佳肴，开发潜力巨大。

第二节　固始鸡品种形成的历史过程

一、固始鸡的历史渊源

固始县历史悠久，夏、商、西周属蓼国地，战国时灭于楚。东汉时，光武帝刘秀封大司农李通为"固始侯"于此，因名"固始"。固始鸡就是在固始县独特的环境下经过长期闭锁繁衍和自然淘汰选择而形成的。在固始县有关固始鸡的历史传说、民俗礼仪、文学作品不胜枚举，展现出丰富多彩的固始鸡文化。关于远古时期"大鹏金翅鸟"下凡蓼国捉害虫、救黎民，留下后代变为固始鸡的传说在固始民间广为流传。在明嘉靖十年、清顺治十六年、乾隆五十一年的《固始县志》对固始鸡都有记载。乾隆五十一年《固始县志》卷十四《物产》篇有"鸡称固始鸡，乃前朝之贡品，羽黄麻，卵大，肉香，汤滋补，四海闻名矣"的描述。因其外观秀丽、抗逆性强、肉美汤鲜、风味独特、营养丰富等优良特性而久负盛名、享誉海内外。明清时期被列为宫廷贡品，20世纪50年代开始出口东南亚地区，六七十年代被指定为北京、天津、上海特供商品。素有"中国土鸡之王"之美誉。

固始县还建设有全国第一家鸡文化博物馆，馆内以实物标本和文字图片的形式全面展示了中国地方优质品种鸡的起源、饲养、制作和加工等多种珍贵的历史资料，以及与鸡有关的各种文化现象，包括文学、书画、各类工艺品及饮食文化等。

二、产区自然环境与固始鸡（蛋）品种的关系

（一）地形地貌

固始县地形复杂，地貌多样，山区、丘岗、平原、洼地皆有。其中，山区、丘岗面积1 525.5 km²，占全县总面积的51.8%；平原及沿河洼地面积1 420.5 km²，占全县总面积的48.2%；广袤的山区、丘陵、滩涂，为喜爱在天

然环境里觅食的固始鸡提供了良好的生存和繁衍环境。

(二) 地域

固始县地处河南省东南边缘，与周边地区南隔大别山，北隔淮河，东隔安山和泉河，西隔春河、白露河，形成了一个相对封闭的地域，加之历史上交通比较闭塞，使固始鸡长期处于天然屏障保护之中，得以免受外来侵袭，进行闭锁繁衍。同时，固始鸡就巢性强、爱孵蛋，固始农户素有选留大公鸡和产蛋多的母鸡，春夏季节自家孵小鸡的传统。经过长时期的闭锁繁衍和淘汰选择，不仅形成了固始鸡这一独特的品种资源，而且使其生产性能、外观和内在品质逐步得到提高。

(三) 产业

固始经济以农业为主，土壤肥沃，农作物以水稻、小麦、油菜为主，稻麦轮作或稻油轮作，为全国商品粮基地县和"双低"油菜基地县。经济作物品种繁多，有花生、大豆、玉米、麻类、棉花、烟叶、甘薯、瓜果、蔬菜、林果等。农副产品丰富，发展养鸡业条件得天独厚。农民素有养鸡的习惯，农户养鸡全部依靠天然放牧，任鸡只终日在田野、山坡觅食青草、谷粒、虫子等。由于长期放牧，阳光充足，运动量大，食物出自天然，形成了固始鸡体格健壮、抗病能力强、活泼敏捷、腿高而细、羽色美观、觅食力强、耐粗饲、肉蛋营养风味俱佳等特点。

(四) 气候

固始县地处北亚热带向暖温带过渡地带，属季风型气候，受南北冷暖天气的共同影响，兼有南北气候特点，四季分明，冷暖适中，雨水充沛，雨热同季，无霜期长。同时，县境地势南高北低，史河、灌河、泉河、白露河等多条河流均由南向北贯穿全境注入淮河，与全国西高东低、大河东流的地形有着明显的差异，这种特殊的地形对气候的影响较为明显。例如，固始年降水量比相邻同一纬度的合肥市多100～200 mm。特殊的地理位置和地形地貌，使固始形成了独特的小气候。境内年平均气温15.3℃，四季温差明显，春季14.9℃，夏季24.6℃，秋季16.1℃，冬季5.6℃，极端最高气温41.5℃，极端最低气温－20.9℃。年平均降水量1 076 mm，最多年1 798.5 mm，最少年543.7 mm，降水主要集中在 6—8 月。年平均日照时数 2 150 h，太阳总辐射量 509 kJ/cm²。无霜期平均为 228 d。空气相对湿度变化不大，无明显干湿季节。固始县独特的小气候，对固始鸡的生理发育有着决定性的作用。同时，兼有南北特点的气候，使固始县生物资源十分丰富，生态系统十分优良，为耐粗饲、善觅食的固始鸡提供了多样化的天然食物，对肉质、蛋品的风味品质的形成具有决定性作用。

20 世纪 70 年代末，固始鸡原种场建立后，曾有广东、广西、湖南、山东、安徽等省、自治区及本省其他地区到该场引种，但固始鸡一离开固始县域之后，其外观逐渐变异，生产性能退化，品质风味也发生改变，突出表现为易掉毛，羽色变杂并失去光泽，嘴和腿的青色变浅，产蛋量和生长速度下降，肉质变粗，汤汁变混浊，鲜度下降。此后，便无引种业务发生。

第二章
固始鸡品种特征和生产性能

第一节　固始鸡体型外貌

一、外貌特征

固始鸡体型中等，体躯呈三角形，外观清秀灵活，体型细致紧凑，结构匀称，羽毛丰满，尾型独特。初生雏绒羽呈黄色，头顶有深褐色绒羽带，背部沿脊柱有深褐色绒羽带，两侧各有 4 条黑色绒羽带。成年鸡冠型分为单冠和豆冠两种，以单冠居多。

（一）成年公鸡

冠型为单冠，直立，大而肥厚，色泽鲜红，一般冠齿为 6 个，冠后缘冠叶分叉。喙短略弯曲、呈青色。脸部清秀，色泽鲜红无皱褶，无胡须。眼大略向外突出，虹彩呈浅栗色。肉髯色泽鲜红，左右各一，大小对称。耳叶呈红色，位于耳孔下侧，椭圆形而有褶皱。颈部梳羽金黄色，胸部、腹部羽色呈黄色，鞍部形态呈 U 形。尾羽分为佛手状尾和直尾两种，以佛手状为主。佛手状尾，向后方卷曲，悬空飘摇，呈黑色而富有青铜光泽，这是固始鸡的品种特征，直尾也是呈黑色。翼羽呈金黄色，副翼羽呈黑色带有青铜光泽。皮肤呈浅黄色，胫呈靛青色，四趾，无胫羽、无脚毛。

（二）成年母鸡

单冠，倒向一侧，较为柔软，色泽鲜红，一般冠齿为 6 个。喙短略弯曲、呈青色。脸部清秀，色泽鲜红无皱褶，无胡须。眼大略向外突出，虹彩呈浅栗色。肉髯色泽鲜红，左右各一，大小对称。耳叶呈红色，位于耳孔下侧，椭圆形而有褶皱。全身羽色呈黄麻色和黄色，尾羽为直尾，颜色黑色，少数呈白色。皮肤呈浅黄色，胫呈靛青色，四趾，无胫羽、无脚毛。

二、体尺与体重

1. 初生重　初生重是指雏鸡出壳后 24 h 内所称的重量，单位用 g 表示。

2. 体斜长　体斜长是指用皮尺沿体表测量肩关节至坐骨结节间的距离，单位用 cm 表示。

3. 胸宽　胸宽是指用卡尺测量两肩关节之间的体表距离，单位用 cm 表示。

4. 胸深　胸深是指用卡尺在体表测量第一胸椎到龙骨前缘的距离，单位用 cm 表示。

5. 胸角　胸角是指用胸角器在龙骨前缘测量两侧胸部的角度，单位用"°"（度）表示。

6. 龙骨长　龙骨长是指用皮尺测量龙骨突前缘到龙骨末端之间的距离，单位用 cm 表示。

7. 骨盆宽　骨盆宽是指用卡尺测量鸡的两坐骨结节间的距离，单位用 cm 表示。

8. 胫长　胫长是指用卡尺测量从胫部上关节到第三、四趾间直线距离，单位用 cm 表示。

9. 胫围　胫围是指胫骨中间的周长，单位用 cm 表示。

固始鸡初生、30 日龄、60 日龄、90 日龄、120 日龄的体重见表 2-1。

表 2-1　固始鸡生长期各阶段体重（g）

性别	出生	30 日龄	60 日龄	90 日龄	120 日龄
公	32～34	260～290	760～810	1 310～1 340	1 660～1 700
母	31～33	230～260	640～690	1 020～1 050	1 240～1 280

成年（300 日龄）固始鸡体重、体尺见表 2-2。

表 2-2　300 日龄固始鸡体重、体尺

性别	体重（g）	体斜长（cm）	胸宽（cm）	胸深（cm）	胸角（°）	龙骨长（cm）	骨盆宽（cm）	胫长（cm）	胫围（cm）
公	2 170±200	24.85±0.82	8.24±0.68	11.73±1.01	71.0±4.54	16.85±0.87	9.74±0.5	11.53±0.58	4.90±0.43
母	1 780±220	21.10±1.08	6.94±0.56	11.22±0.73	76.0±3.19	13.5±1.52	11.2±1.04	8.65±0.45	6.57±0.41

第二节　固始鸡生物学习性

一、一般性生物学特征和行为学特性

1. 喜群居　固始鸡性情温和驯良，合群性很强，很少单独活动。因此，适合大群放牧和工厂化饲养。

2. 耐寒怕热　固始鸡对气候的适应性比较强，一般比较耐寒。成年鸡体表覆盖着羽毛，保温性能好，具有极强的耐寒能力。因为没有汗腺，仅能通过加快呼吸和排泄来带走部分体热，抗暑能力差，因此在炎热的夏季比较怕热。

3. 就巢性强　就巢性俗称"抱窝""抱性"，是禽类的一种母性行为，具体表现为产蛋一段时间后、体温升高、被毛蓬松、抱蛋而窝、停止产蛋。通过多年的选育，固始鸡的就巢性从 12.91% 下降到 0.4%。

4. 喜沙浴　沙浴即鸡用沙子洗澡，以清除皮肤上的污物，是鸡的一种生理特性。利用头颈、脚爪、翅膀的配合，将沙子均匀地撒在羽毛和皮肤之间，使皮肤上的皮屑、污物和沙掺和在一起，然后羽毛下竖，毛肌收缩，猛然抖动全身，将沙和污物一同甩出去，达到去污的目的。

5. 登高栖息　固始鸡喜欢登高栖息，习惯在栖架上休息。因此，在饲养过程中，在鸡舍内要搭一个架子，以供鸡只休息。固始鸡无啄羽现象。

6. 恋巢性　公鸡、母鸡都有很强的恋巢性，能很快适应新环境，自动回到原处休息。同时，拒绝新鸡的进入，一旦有新鸡进入就会出现长时间的争斗，尤其是公鸡间的争斗最为激烈。

7. 耐粗饲、适应性强　固始鸡的适应性很强，在自然条件下依靠当地丰富的饲料资源就可以正常生长发育，根据当地饲养固始鸡的农户反映，在大雪冰封的天气不补给任何饲料的情况下，固始鸡也能在野外觅得足够的食物，维持自身的需要。

8. 抗病力强　固始鸡好动、易惊善飞、体质健壮，除鸡瘟、禽流感外，当地散养鸡户很少给鸡只进行防疫，一年四季也很少生病。

9. 吃沙砾　鸡有吃沙砾的习惯，因为鸡没有牙齿，吃沙砾可以促进肌胃的消化功能，而且还可以避免肌胃逐渐缩小。

二、生理特点及指标

1. 新陈代谢旺盛　成年鸡的体温为 41～42 ℃，每分钟呼吸 40～50 次，心搏为每分钟 160～170 次，血液循环快。单位体重的耗氧量和二氧化碳的排出量为其他家畜的 2 倍。心搏次数就日龄而言，雏鸡高于成年鸡；就性别而言，母鸡高于公鸡。

2. 体温调节机能不完善　雏鸡体温调节机能不完善，体温稍低，约 39.6 ℃，在 4 日龄时开始均衡上升，到 10 日龄后体温调节机能逐渐完善，体温达到成年鸡的标准，21 日龄左右体温调节机能趋于完善。成鸡一般在 7～30 ℃范围内，体温调节机能健全，体温基本保持不变。对高温的反应比对低温的反应大，当鸡的体温为 42～42.5 ℃时，会出现张口喘气、翅膀下垂、咽喉颤动现象。

3. 繁殖力强　母鸡的卵巢上有上万个卵泡，能够以鸡蛋的形式产出的只占一小部分。高产鸡一年可产 200 多个鸡蛋，每只种鸡可孵化 80 多只小母鸡，比一般哺乳动物多许多倍。公鸡的精子密度大，公母比可达到 1∶（10～40）的比例。

第三节　固始鸡生产性能

本节主要从固始鸡的生长性能、产肉性能、产蛋性能、蛋品质、繁殖性能等方面来介绍固始鸡。

一、生长性能

结合固始鸡生长特点，对固始鸡的初生、6 周龄、18 周龄、24 周龄、成年进行分阶段介绍，主要介绍固始鸡从初生到成年的体重以及成年的体尺，详见表 2-3、表 2-4。

表 2-3　固始鸡出生到成年的体重（g）

性别	出生	6 周龄	18 周龄	24 周龄	成年鸡
公	33	380	1 760	1 850	2 170
母	32	310	1 300	1 580	1 780

表 2-4　成年（300 日龄）固始鸡体重、体尺

性别	体重（g）	体斜长（cm）	胸宽（cm）	胸深（cm）	胸角（°）	龙骨长（cm）	骨盆宽（cm）	胫长（cm）	胫围（cm）
公	2 170±200	24.85±0.82	8.24±0.68	11.73±1.01	71.0±4.54	16.85±0.87	9.74±0.5	11.53±0.58	4.90±0.43
母	1 780±220	21.10±1.08	6.94±0.56	11.22±0.73	76.0±3.19	13.5±1.52	11.2±1.04	8.65±0.45	6.57±0.41

（一）生长曲线及生长特点

生长曲线是反映动物个体在生长发育过程中某部分或整体的规律性变化。以生长周龄为横坐标，以周末体重为纵坐标绘制固始鸡的生长曲线。由图 2-1 可以看出固始鸡早期生长速度快，达到成年体重时生长曲线呈近直线状态。公鸡的体重高于母鸡，在 22 周龄时可达到成年体重。

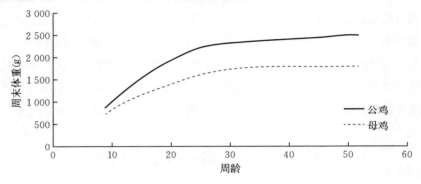

图 2-1　固始鸡的生长曲线

注：本图是根据固始鸡 9～68 周的周末体重所绘

（二）饲料转化率

饲料转化率即饲料报酬，饲料转化为产蛋总重或活重的效率。在蛋鸡生产中称为料蛋比，是指某一阶段内饲料消耗量与产蛋总重之比；在肉鸡生产中称为耗料增重比（简称料肉比），是指某一阶段内饲料的消耗量与增重之比。固始鸡的料肉比为 4.78∶1，料蛋比为 4.58∶1。

在养鸡生产中，饲料的费用占养鸡成本的 70% 左右，因此节省饲料，提高饲料转化率，是降低养鸡成本，增加经济效益的重要措施。影响饲料转化率的因素如下。

1. 饲料的能量水平　饲料的能量水平低，鸡的采食量就会增加，反之采食量就会减少。因此，改变饲料中的能量水平可以提高饲料转化率。

2. 产蛋率　产蛋量高的鸡要比产蛋量低的鸡所食的饲料量要大，处于产蛋高峰的鸡群要比非产蛋高峰的鸡群采食量大。

3. 鸡群的日龄　一般青年母鸡在其生长的初期和高产期间，所需的饲料要更多。

（三）成活率

鸡的成活率主要包括育雏成活率和育成成活率。育雏成活率是指育雏期末成活的鸡只数占入舍雏鸡数的百分比，育成成活率是指育成期末成活的鸡只数占育雏期末入舍雏鸡数的百分比。固始鸡的育雏成活率为90%～95%，育成成活率为92%～96%。

二、产肉性能

（一）屠体性能

1. **屠宰率** 屠宰率是指鸡的屠体重与活重的百分比，反映肌肉丰满和肥育程度。公鸡的屠宰率为87%，母鸡的屠宰率为86%。

$$屠宰率＝（屠体重/活重）×100\%$$

2. **半净膛重** 半净膛重是指包含心脏、肝脏、腺胃、肌胃和腹脂的质量。公鸡半净膛率为80%～84%，母鸡半净膛率为78%～82%。

$$半净膛率＝（半净膛重/活重）×100\%$$

3. **全净膛重** 全净膛重是指保留肺、肾的躯体质量。公鸡全净膛率为70%～74%，母鸡全净膛率为68%～72%。

$$全净膛率＝（全净膛重/活重）×100\%$$

4. **胸、腿肌重（率）** 公鸡胸肌率为14%～16%、腿肌率为22%～24%；母鸡胸肌率为18%～20%、腿肌率为20%～22%。

$$胸肌重（率）＝（胸肌重/全净膛重）×100\%$$

$$腿肌重（率）＝（大小腿净肌肉重/全净膛重）×100\%$$

5. **腹脂重（率）** 固始鸡的腹脂率一般用于母鸡，母鸡的腹脂率为14%。

$$腹脂重（率）＝（腹脂重/全净膛重）×100\%$$

（二）肉品质

1. **肉色** 肉色主要由肌肉中的血红蛋白含量决定，它是肌肉外观评定的一个重要指标。肌红蛋白主要有3种状态：紫色的还原型肌红蛋白、红色的氧合肌红蛋白、褐色的高铁肌红蛋白。肉色除了受屠宰后一些生化变化的影响外，还受品种、性别、部位及一些物理现象如光反射的影响。肉色可以通过与标准颜色进行对比，也可通过分光光度计法进行测定。

2. 嫩度　嫩度主要决定于肌肉中的结缔组织、肌原纤维和肌浆蛋白的含量及化学结构状态。嫩度是肌肉品质的一个重要方面，利用肌肉嫩度测定仪可以测定出肌肉的嫩度。公鸡的肌肉嫩度为 6.30 ± 0.25，母鸡的肌肉嫩度为 4.22 ± 0.20。

3. 系水力　系水力是指肌肉在受到外力作用时保持其内含水分的能力。系水力是一项重要的肉质性状，它可影响肌肉的多汁性、嫩度、色泽等，通常用失水率或滴水损失来衡量系水力。滴水损失小，则肌肉系水力高，肉表现为多汁、鲜嫩。固始鸡的肌肉系水力：胸肌的滴水损失为 1.90 ± 0.31；腿肌的滴水损失为 1.75 ± 0.19。

4. pH　鸡被屠宰后肌肉组织的一个重要生化变化就是糖酵解引起的 pH 下降。pH 对鸡的胴体品质影响很大，如肌肉的保存性、煮熟损失率、加工性能等都受 pH 的影响。肌肉的初始 pH 和 pH 的下降速度及范围可以很好地衡量肉质的优劣。刚屠宰的鸡其肌肉 pH 为 $6\sim7$，约 1 h 后 pH 降到 $5.4\sim5.6$，而后开始缓慢回升。pH 可用 pH 试纸或 pH 计进行测定。

5. 肌内脂肪含量　肌内脂肪是影响肌肉风味和鲜味的重要物质之一，已成为衡量肉质优良的一个重要指标。肌内脂肪的主要成分是磷脂，富含不饱和脂肪酸特别是长链不饱和脂肪酸，极易被氧化，其氧化物直接影响风味成分的组成。固始鸡肌内脂肪含量为 1.5%。

6. 肌纤维分析　肌纤维是肌肉的基本组成物质，肌纤维包括红肌纤维、白肌纤维和中间型纤维 3 种，肉质与各种纤维的比例、直径、长短以及肌纤维的超微结构等关系密切，通过肌肉组织学特点对肉质进行评价是一种可靠的方法。肌纤维密度越大，直径越小，肌节长度越长，则肉质越嫩，肌纤维直径与肉质呈负相关。固始鸡肌肉的肌纤维直径为：胸肌肌纤维直径为（23.11 ± 1.89）μm；腿肌肌纤维直径为（20.61 ± 2.56）μm。同时肌肉中红肌纤维含量越高，肉色越好，且红肌纤维含有类脂，故红肌纤维含量越高越好，白肌纤维含量与肉质呈负相关。

7. 重要营养成分含量　除上述品质外，固始鸡的肌肉中还含有大量的肌苷酸、谷氨酸单钠盐及牛磺酸等重要营养成分。众所周知，肌苷酸和谷氨酸是食品中的主要呈鲜物质，谷氨酸单钠盐就是俗称的味精，肌苷酸增加食品鲜味的能力是普通味精的 40 倍，它对味精具有强化作用，含 $2\%\sim8\%$ 肌苷酸的味精被称为"强力味精"。牛磺酸是人体必需的功能性因子，在增强人体免疫力、改善心脑血管功能、增强皮肤弹性及促进儿童智力发育等方面有较好的作用。固始鸡肌肉中的香味物质十分丰富，肌肉中的主要香味物质为反-2，4-癸二烯醛。此外，固始鸡肌肉中还含有 1-十六醛，还有癸醛、反-2-十三醛、反-2-十二醛、14-甲基-十五酸甲酯、茴香脑（对丙烯基茴香醚）等香味物质。固始鸡肌肉中的肌苷酸含量达 2.760～4.366 mg/g，谷氨酸单钠盐含量为 2.33～2.77 mg/g，牛磺酸含量为 0.26～0.41 mg/g。

三、产蛋性能

（一）开产日龄

开产日龄是指鸡群产蛋率达到 5% 的日龄。固始鸡的开产日龄为 161～176 日龄。

（二）开产蛋重

蛋的大小以蛋重来表示。固始鸡的开产蛋重为（44.05±3.5）g。

（三）43 周龄产蛋数、蛋重

固始鸡 43 周龄产蛋数、体重、蛋重见表 2-5。

表 2-5　43 周龄产蛋数、体重、蛋重

43 周龄产蛋数（枚）	43 周龄体重（g）	43 周龄蛋重（g）
22.42±12.97	1 429.7±128.5	45.89±3.07

（四）66 周龄产蛋数、蛋重

固始鸡 66 周龄产蛋数、体重、蛋重见表 2-6。

表 2-6　66 周龄产蛋数、体重、蛋重

66 周龄产蛋数（枚）	66 周龄体重（g）	66 周龄蛋重（g）
185	2 950	50.42±3.56

（五）产蛋总重、产蛋曲线

群产蛋总重常采取每天称当日蛋的总重，再累加产蛋期的总重。产蛋曲线

具有一定的规律性，反映了整个产蛋期内产蛋率的变化，它是以产蛋周龄作为横坐标，产蛋率为纵坐标进行绘制。由产蛋曲线可以看出，鸡群在开产后，最初的 1～5 周产蛋率迅速上升，产蛋率每周成倍增加，到第 6 周时鸡群的产蛋率达到产蛋高峰时的产蛋率，维持 3～4 周的产蛋高峰期后，产蛋量开始缓慢下降，基本维持在每周下降 1%，直至 46 周时产蛋率下降到 40% 左右，整个产蛋周期结束。因此，为了保证鸡群正常的产蛋率，产蛋期的饲料补给应先于产蛋高峰，这样才能保证高的产蛋率（图 2-2）。

固始鸡产蛋周 1～46 周产蛋数为 185～197 枚，最高可达 230 枚，产蛋高峰时产蛋率为 75%，平均蛋重为 52.2 g。

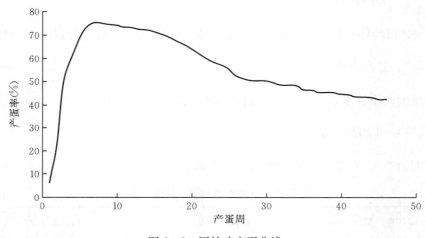

图 2-2　固始鸡产蛋曲线

影响产蛋曲线的因素有：

1. 疾病因素　许多疾病能引起鸡群产蛋突然下降，因所感染的疾病不同，产蛋下降也有差异。主要引起产蛋下降的疾病有新城疫、白血病、产蛋下降综合征等。

2. 营养方面　饲料中的营养缺乏或不均衡。

3. 环境因素　环境温度（连续高温、高湿）、光照（光照突然发生变化）、通风（严重的通风不足）及其他能造成鸡群应激的因素。

4. 管理方面　日常管理方面出现疏忽，如连续喂料不足、突然更换饲料等。

5. 蛋鸡休产日同期化　在产蛋处于相对平稳的状态下，有 5%～10% 的鸡同时休产，就会出现产蛋量的突然下降，即产蛋率"假下降"，但这种情况短时间内就会恢复。

（六）料蛋比

料蛋比是指每产蛋 1 kg 所消耗的饲料。反映了饲料效率，即料蛋比愈小，饲料效率愈高。固始鸡的料蛋比为 4.58∶1。

四、蛋品质

（一）蛋重

蛋重是衡量家禽产蛋性能的重要指标。刚开产的鸡蛋蛋重较小，而后随着年龄增长逐渐增大。蛋重不但影响产蛋总重，而且也与种蛋合格率、孵化率等有关。蛋重主要受母鸡年龄的影响，同时也与母鸡体重、开产日龄、营养水平、气温、光照时间、湿度、疾病等因素有关。一般以测定群体平均蛋重表示，即连续取 3 天的总蛋量来求其平均值，单位用 g 表示。鸡的平均蛋重为32～65 g，固始鸡的平均蛋重为 52.2 g。

（二）蛋形指数

蛋形为椭圆形，一般用蛋形指数表示。蛋形指数是以鸡蛋的短径与长径之比来表示，如鸡标准的蛋形为椭圆形，最好的蛋形指数为 0.74，范围为 0.72～0.76。小于 0.72 时蛋形过长，大于 0.76 时蛋形过圆，都不符合要求。固始鸡蛋的蛋形指数为 0.76。

（三）蛋壳颜色

肉眼观察记录，蛋壳颜色为粉色。蛋壳颜色常因疾病、喂药、应激、年龄等因素变化而出现异常。

（四）蛋壳厚度

蛋壳厚度的测量方法分别取蛋的大头、小头、中间部分的蛋壳，用镊子剔除壳内膜，用蛋壳厚度测定仪分别测其厚度，再求其平均值。固始鸡蛋的蛋壳厚度为 0.34 mm。

（五）蛋壳强度

蛋壳强度一般用强度计测量，将蛋横放施加压力至破碎为止，以每平方厘米承受的压力（kg/cm²）表示。正常的强度在 2.3 kg/cm² 以上。没有强度计也可用蛋壳厚度来表示。蛋壳强度大或厚则抗力强，在运输或孵化中不易破碎。

（六）蛋白高度/哈氏单位

蛋白品质取决于蛋内浓蛋白的含量，浓蛋白多，营养价值高，蛋的保存时间长，孵化率也高。蛋白品质用哈氏单位表示。测定时，先测出蛋重 W（g），再用哈氏单位测定仪测出蛋白高度（H，以蛋黄边缘浓蛋白的三个中点高度的平均值代表），单位为 mm，然后代入公式：哈氏单位 $= 100 \times \log(H - 1.7W^{0.37} + 7.57)$。哈氏单位以 85 以上为优等，75～85 为良好，60 以上为合格；60 以下则蛋白品质差。蛋白品质与品种、饲料、蛋的保存时间等有关。固始鸡的蛋白高度为（0.61±0.6）cm，哈氏单位为 80.07±4.30。

（七）蛋黄色泽

蛋黄色泽是衡量蛋黄颜色深浅的指标。蛋黄色泽对蛋的商品价值和价格有很大的影响，通常用罗氏（Roche）比色扇的 15 种不同黄色色调等级比色。固始鸡的蛋黄色泽为 11.50±1.27 级。

（八）蛋黄比率

蛋黄比率反映蛋黄所占全蛋的比例，数值大者，表示蛋品质较好。固始鸡蛋黄比率为 35％。

$$蛋黄比率 = （蛋黄重/蛋重）\times 100％$$

（九）血、肉斑率

血、肉斑是由排卵时，卵巢小血管破裂的血滴或输卵管上皮脱落物形成，与种质特性有一定的关系，经过选择可以减少发生率，但不能根除。固始鸡蛋血、肉斑发生率较低。

$$血、肉斑率 = （带血斑、肉斑蛋数/测定总蛋数）\times 100％$$

（十）重要营养成分

固始鸡鸡蛋中肌苷酸含量达 4.35 mg/g，谷氨酸单钠盐含量为 2.72 mg/g，牛磺酸含量为 0.40 mg/g，活性钙含量达 0.19 mg/g。

五、繁殖性能

（一）公鸡精液品质

公鸡精液品质的好坏直接影响种蛋的受精率、孵化率，所以定期对精液品质进行检查是十分必要的。

1. 精液量　精液是由精子和精清组成，精清是来自睾丸内的精细管、附睾及输精管的分泌物，同时还混有泄殖腔中淋巴褶与脉管体所分泌的透明液。精液为乳白色不透明液体，略带腥味。公鸡1次采精的精液量为0.3~0.7 mL。

2. 精子密度　精子密度又称精子浓度，指每毫升精液中所含的精子数。精子密度与受精能力为正相关，在显微镜下观察，一般把公鸡的精液评为浓、中、稀3级。浓级时，整个视野完全被精子占满，精子与精子间距离很小，呈云雾状，每毫升精子数约在40亿个以上；中级时，视野中精子之间有明显距离，每毫升精子数有20亿~40亿个；稀级时，精子间有很大的空隙，每毫升精子数约在20亿个以下。

3. 精子活力　精子活力是指精液中呈直线前进运动的精子数占总精子数的百分比。呈直线前进运动的精子越多，种蛋受精率就越高。镜检时呈直线运动的精子越多，说明精子活力好。精子活力检查的方法：取精液及生理盐水各1滴，置于载玻片一端，混匀，放上盖玻片。在37 ℃的条件下，用200~400倍的显微镜检查。按精液中呈直线前进运动占有的比例多少来评定。精子全部直线前进的为1级，依次由10级递减至0.1级，优秀种公鸡的活力一般在0.8级以上。

4. pH　新鲜精液的pH为7左右，近于中性，可用pH试纸或特制的测定仪器测定。鸡的新鲜精液的pH为7~7.6。精子的适宜pH范围一般为6.9~7.3，即介于弱酸、弱碱之间。在一定范围内，弱酸性环境对精子的代谢和运动有抑制作用，而碱性环境则有激发和促进的作用。因此，在精液保存中，为了延长精子的保存时间，利用酸抑制的原理向精液中通入CO_2或其他降低pH的方法，以达到保存精液的目的。

（二）种蛋受精率

受精率是指种蛋经过孵化照检（头照）后所得受精蛋的百分率。受精率＝

（入孵蛋数－无精蛋数）/入孵蛋数×100%。固始鸡种蛋受精率为91.8%。

种蛋受精率是种鸡饲养中至关重要的一个指标，它直接决定了种鸡饲养的经济效益。影响种蛋受精率的主要因素有以下几点。

1. 公母比例　公母比例失调，无论是公鸡多还是母鸡多，都会影响种蛋的受精率。因此，适宜的公母比例为自然交配1∶10，人工授精1∶（20～25）。

2. 种公鸡的选择　选择优秀的种公鸡，并对种公鸡进行定期抽检，保证精液的品质。

3. 维生素E缺乏　维生素E又叫生育酚，它的主要作用是抗氧化，缺乏维生素E时，公鸡的生殖机能会减退，使所产的种蛋受精率、孵化率降低。在饲料中添加20～40 mg/kg维生素E原粉可提高受精率5%～10%。

4. 环境因素　鸡舍温度过高或过低都会抑制公鸡生殖机能，从而影响受精率。同时，鸡舍内空气中的氨气含量过高也会对受精率造成影响。

（三）受精蛋孵化率

受精蛋孵化率是指出雏数与受精蛋数的百分比。受精蛋孵化率＝（出雏数/受精蛋数）×100%。固始鸡受精蛋孵化率为93.4%。影响孵化率的因素主要有以下几点。

1. 种鸡的年龄　1岁龄的母鸡种蛋孵化率高于老年母鸡，而当年母鸡种蛋又以28～50周龄所产种蛋的孵化率最高。1岁龄母鸡种蛋孵化率比3岁龄母鸡高16%左右，大龄母鸡种蛋孵化率低，主要表现在胚胎早期死亡率高。

2. 种鸡营养不良对鸡胚的影响　鸡胚胎发育健壮与否，完全依靠种蛋自身的营养贮备，若种蛋内的养分偏低或不足，鸡胚胎在孵化期间生长发育就会受到影响，出现组织器官异常，胚胎瘦弱、死亡率高。

3. 种蛋贮存条件、时间　当种蛋贮存温度超过15℃或低于5℃，存放时间超过2周，孵化率会逐渐降低。即存放时间越长，种蛋的孵化率就越低。

4. 孵化条件　当孵化温度在短期内急剧升温，孵化机内温度超过42℃以上会造成胚胎血管破裂，导致胚胎被烧死。同时，孵化时通风不良会引起缺氧和二氧化碳过高，最终导致窒息死亡。孵化时转蛋角度不够也会对孵化率造成影响。

5. 疾病因素　病原体如鸡白痢沙门氏菌、新城疫病毒、马立克病病毒、禽白血病病毒等通过内源性途径潜入种蛋内，还有另外一些病原以蛋壳外源性的途径侵入种蛋内，如大肠杆菌、葡萄球菌等。这些病菌能很快降低蛋内的蛋白质溶解酶指标，使鸡胚容易受感染而出现死亡。

提高孵化率的措施如下。

1. 提高种鸡群质量，防止近亲繁殖　配套系种鸡群应保持一定的数量，父母代种鸡每年必须重新引种，最好利用当年种鸡的种蛋孵化。

2. 加强种鸡饲养管理　留种期间要特别加强种鸡群的饲养管理，保证蛋白质中的氨基酸的含量平衡，留种期内维生素用量应比平时高1～2倍。

3. 种蛋的挑选　入孵前一定要严格地挑选种蛋，不合格的种蛋要挑出，尤其是破裂蛋一定不能留。

4. 改善孵化条件　改善孵化室的结构，有利保温、通风、消毒和排污，合理布局。同时，提高孵化室生产人员的孵化技能是非常关键的，上岗前的技能培训，不但要做到掌握孵化操作规程，还应掌握必要的鸡胚胎发育规律，不同生产发育期对环境的要求等，从而提高种蛋孵化率。

六、与国内外同类品种比较

(一) 产蛋量优于其他地方肉蛋兼用品种

固始鸡与其他地方鸡种产蛋量比较情况见表2-7。

表2-7　固始鸡与其他地方鸡种产蛋量比较

品种	生产类型	66周龄产蛋量（枚）
固始鸡	肉蛋兼用	185～197
萧山鸡	肉蛋兼用	130～150
寿光鸡	肉蛋兼用	120～150
庄河鸡	肉蛋兼用	146

(二) 鸡蛋风味独特、营养美味

固始鸡蛋的美味和营养滋补功效与固始鸡同样驰名。固始鸡蛋与普通鸡蛋、"洋"品种鸡蛋的营养成分对比见表2-8。

表 2 - 8　固始鸡蛋与其他鸡蛋营养成分对照（mg/g）

名称	固始鸡蛋	普通土鸡蛋	"洋"品种鸡蛋
活性钙	0.19	0.09	0.06
牛磺酸	0.40	0.21	0.12
谷氨酸单钠盐	2.72	1.47	0.94
肌苷酸	4.35	2.74	1.71
胆固醇	3.43	6.22	7.12

由以上对照检测结果可见：

（1）固始鸡蛋活性钙含量比普通土鸡蛋高 0.10 mg/g，比"洋"鸡蛋高 0.13 mg/g，所以固始鸡蛋补钙效果更好。

（2）固始鸡蛋牛磺酸含量比普通土鸡蛋高 0.19 mg/g，比"洋"鸡蛋高 0.28 mg/g，所以固始鸡蛋营养价值更高。

（3）固始鸡蛋谷氨酸单钠盐含量比普通土鸡蛋高 1.25 mg/g，比"洋"鸡蛋高 1.78 mg/g；固始鸡蛋肌苷酸含量比普通土鸡蛋高 1.61 mg/g，比"洋"鸡蛋高 2.64 mg/g。谷氨酸单钠盐、肌苷酸是主要的呈鲜物质，所以固始鸡蛋风味更佳。

（4）固始鸡蛋胆固醇含量比普通土鸡蛋低 2.79 mg/g，比"洋"鸡蛋低 3.69 mg/g，高血压人群可以放心食用。

（三）肉质鲜美、汤汁浓郁

固始鸡肉质美味，其营养滋补功效一直为世人所称道。固始鸡肉质细嫩且有嚼劲，汤味鲜美，与 AA 肉鸡比较结果见表 2 - 9 至表 2 - 11。

表 2 - 9　不同日龄固始鸡与 AA 肉鸡肌肉中肌苷酸含量比较

项目	1 年固始鸡	130 日龄固始鸡	90 日龄固始鸡	AA 肉鸡
湿重含量（mg/g）	4.366	3.233	2.760	1.727
干重含量（mg/g）	14.845	11.555	9.896	6.542

表 2 - 10　不同日龄固始鸡与 AA 肉鸡肌肉中谷氨酸含量比较

项目	1 年固始鸡	130 日龄固始鸡	90 日龄固始鸡	AA 肉鸡
湿重含量（mg/g）	2.77	2.01	2.33	1.20
干重含量（mg/g）	10.35	6.79	8.58	4.53

表 2-11　不同日龄固始鸡与 AA 肉鸡肌肉中牛磺酸含量比较

项目	1年固始鸡	130日龄固始鸡	90日龄固始鸡	AA肉鸡
湿重含量（mg/g）	0.41	0.24	0.26	0.11
干重含量（mg/g）	1.53	0.81	0.96	0.42

通过表 2-9 至表 2-11 的对比分析，可得出以下结论：

（1）肌苷酸是肉食中的主要呈鲜物质。从表 2-9 中可以看出，固始鸡肌肉中肌苷酸的湿重含量比 AA 肉鸡的湿重含量高 1.033～2.639 mg/g；干重含量高 3.354～8.303 mg/g。

（2）谷氨酸是肉食中的主要呈鲜物质。从表 2-10 中可以看出，固始鸡肌肉中谷氨酸的湿重含量比 AA 肉鸡的湿重含量高 0.81～1.57 mg/g；干重含量高 2.26～5.82 mg/g。

（3）牛磺酸是人体必需的功能性因子。从表 2-11 中可以看出，固始鸡肌肉中牛磺酸的湿重含量比 AA 肉鸡的湿重含量高 0.13～0.3 mg/g；干重含量高 0.39～1.11 mg/g。

（4）固始鸡在肉质风味和营养成分上明显优于 AA 肉鸡。而通过对比不同阶段的固始鸡，可以看出 1 年的固始鸡在营养和风味上优于其他阶段的固始鸡。因此，炖熟后的固始鸡风味独特、香气浓郁，民间有"清炖固始鸡，开锅香十里"之说。

第四节　固始鸡品种标准

固始鸡是我国著名的肉蛋兼用型地方鸡种，为加强和规范对固始鸡品种的界定，实施标准化生产，信阳市畜牧局 2002 年申请立项，申报制定固始鸡地方标准，经过多方努力，反复修订，最终地方标准《固始鸡》由河南省质量技术监督局于 2003 年 12 月 16 日发布，2004 年 1 月 1 日实施，标准号为 DB41/T 331—2003，本标准规定了固始鸡的品种特性、生产性能、等级评定标准，适用于固始鸡的品种鉴别、选育和分级审定（见附录）。

第三章
固始鸡品种保护

固始鸡的优良性状因其独特的地理优势而被保护，造就了固始鸡产品鲜明的地域特色。然而随着经济和社会的发展，集约化养殖技术的应用，以及人工选择的开展，禽类（包括固始鸡）的遗传多样性必然会受到影响。但是这些性状的利用可能给生产带来创新，从而实现人们对禽类产品种类、质量的更高要求。因此，品种保护刻不容缓。为了保障固始鸡的纯正和原有特征特性，保存固始鸡优良的种质资源，防止杂化退化，国家在 1949 年以后就开始采取各种保种措施对其进行保护，这为固始鸡的发展和纯化奠定了良好的基础。并于 1989 年收录于《中国家禽品种志》。以下就固始鸡的保种概况、保种目标、保种方法与技术措施、性能检测、保种效果以及种质特性研究等进行阐述。

第一节　固始鸡保种概况

一、保种场建设

1977 年，国家为加强保存和利用固始鸡品种资源，在固始县投资兴建了固始鸡原种场，专门从事固始鸡保种和选育研究工作。原场址位于固始县秀水办事处藕塘社区，隶属固始县畜牧局，2004 年改制后隶属河南三高农牧股份有限公司，于 2008 年搬迁至固始县段集乡赵营村。固始鸡原种场现有保种群个体笼位 4 032 个，繁育群可饲养种鸡 31 300 只。

固始县属于固始鸡原产地，自然生态条件优良，环境符合《中华人民共和国畜牧法》《畜禽场环境质量及卫生控制规范》（NY/T 1167—2006）和《畜禽养殖业污染防治技术规范》（HJ/T 81—2001）的规定。固始鸡原种场水源、电源充足，通讯便利，设计符合《畜禽场场区设计技术规范》（NY/T 682—2003）的要求，保种鸡舍的环境符合《畜禽场环境质量标准》（NY/T 388—1999）的要求。防疫条件符合《中华人民共和国动物防疫法》的要求，持有固始县畜牧兽医行政主管部门颁发的《动物防疫条件合格证》和河南省畜牧兽医行政主管部门颁发的《种畜禽生产经营许可证》。

二、保护区划分

（一）划定保种群基地

划定固始县汪棚、草庙、马岗等乡镇为原种保护区，实行品种登记制度，严禁外来鸡种引入保护区内，确保区内纯种繁育。实行随机交配制度，把所有的遗传基因作为基因库保留下来，为将来的选种选育提供原始素材。保种规模为10万只，每户饲养30～60只，共有2 000户农户参与保种。

（二）饲养管理

由保种场牵头，联合河南农业大学、信阳农林学院、固始县畜牧局等探索和制定出了一套适合固始鸡的饲养管理标准，并定期给保护区参保农户进行培训。主要针对饲养方式、饲料配方、疫病防控等方面进行定期培训。例如，在饲养上可采取自然放养、围栏养、笼养等多种方式，并制定相应的饲养管理办法，配套补饲形式及饲料配方；在疫病防治上有针对性地制定固始鸡免疫程序和疫病治疗方案。

（三）保护区组建形式

在不同乡镇固始鸡保护区，通过农户自愿的方式参与组建固始鸡保种专业合作社，并推荐1名具有一定组织能力和技术水平的社员为社长，其职责是按保种目标规划的要求，一方面具体从事保种工作；另一方面组织鸡苗或成年商品鸡对外销售，使保种与市场运作机制有机地结合起来，做到保种与资源开发的最佳结合，力争做到保种为开发，开发促保种的理想效果。

三、提纯复壮过程

1979年，河南省科学委员会（现河南省科学技术厅）确定了《固始鸡品种资源保存、选育、提高、利用的试验研究》科研项目，1980 年开始收集原种固始鸡，建立零世代，拉开了固始鸡研究的序幕。

（一）原种固始鸡收集

1. 收集标准　为保持原种固始鸡在自然群体中的状态，根据其品种特征，收集共同特征为尾型佛手状或直尾，青黄喙，皮肤呈白色或黑色，青胫，冠型呈单冠或豆冠，冠、肉髯及耳垂呈红色，虹彩呈栗色。其中公鸡羽色为深红色或黄色，母鸡羽色为黄麻羽、黄羽、白羽或黑羽。

2. 收集及整理　在农业部（现为农业农村部）颁布的《畜禽遗传资源保种场保护区和基因库管理办法》中，国家级畜禽遗传资源保种场-地方鸡保种场的单品种基础鸡群的数量要求是母鸡 300 只以上；公鸡不少于 30 个家系。固始鸡原种场在固始鸡素材收集时，根据收集标准，在中心产区内收集固始鸡 5 483 羽（其中成年公鸡 1 458 羽，成年母鸡 4 025 羽）。随后对鸡群来源、外貌特征、体重等进行统计。统计母鸡羽色比例，其中黄羽占 57.3%，黄麻羽占 41.3%，白羽占 1.4%；统计母鸡肤色比例，其中白肤占 96.7%，乌肤占 3.3%；统计收集鸡群的冠型，所有鸡只均为单冠。

3. 收集后处理

（1）隔离观察　收集的固始鸡原种进入原种场前，对其要进行隔离观察，观察鸡群的精神状态、食欲、饮水、粪便、羽毛等的变化，对有异常变化的鸡如低头缩颈、闭目昏睡，要及时隔离并进行治疗或淘汰。

（2）严格消毒　对于已过观察期的鸡，要严格消毒后，方可进入原种场饲养。

（3）合理用药　为预防鸡应激、脱水、白痢等，鸡群进入原种场后的 2 周内要进行预防性投药。

（4）免疫监测及加强免疫　鸡群在进入原种场之前由农户散养，未经免疫，因此对鸡群进行免疫监测，并对重大疫病进行补防，最大限度地保障鸡群安全。

（5）加强日常管理　根据鸡群状况及时通风、降温，合理光照，定时喂料等。

（二）建立基础群

根据收集的固始鸡，建立基础群，按来源、外貌特征、体重等组建核心群 50 个，每个核心群有公鸡 2 只（1 只参与配种，1 只备用）、母鸡 15 只（10 只参与配种，5只备用），1年至1.2年1个世代，佩戴脚号，建立配种档案，按核心群进行孵化。每个核心群按照《固始鸡品种标准》选留后代（选留时只挑出残弱雏，其他不做选择）进行培育。

（三）设计技术路线

固始鸡提纯复壮技术路线见图3-1。

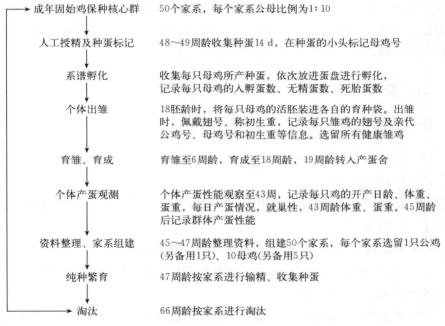

成年固始鸡保种核心群	50个家系，每个家系公母比例为1∶10
人工授精及种蛋标记	48~49周龄收集种蛋14 d，在种蛋的小头标记母鸡号
系谱孵化	收集每只母鸡所产种蛋，依次放进蛋盘进行孵化，记录每只母鸡的入孵蛋数、无精蛋数、死胎蛋数
个体出雏	18胚龄时，将每只母鸡的活胚装进各自的育种袋。出雏时，佩戴翅号、称初生重，记录每只雏鸡的翅号及亲代公鸡号、母鸡号和初生重等信息。选留所有健康雏鸡
育雏、育成	育雏至6周龄，育成至18周龄，19周龄转入产蛋舍
个体产蛋观测	个体产蛋性能观察至43周，记录每只鸡的开产日龄、体重、蛋重，每日产蛋情况，就巢性，43周龄体重、蛋重。45周龄后记录群体产蛋性能
资料整理、家系组建	45~47周龄整理资料，组建50个家系，每个家系选留1只公鸡（另备用1只）、10母鸡（另备用5只）
纯种繁育	47周龄按家系进行输精、收集种蛋
淘汰	66周龄按家系进行淘汰

图3-1　固始鸡提纯复壮技术路线

四、技术力量

20世纪90年代后，固始鸡的保种任务由河南三高农牧股份有限公司固始鸡原种场和河南农业大学种鸡站承担。同时固始鸡的保种工作也得到了很多单位、专家团队以及专业人才的技术支持。

（一）技术依托单位及专家团队

河南三高农牧股份有限公司固始鸡原种场技术依托单位：河南农业大学

（主要依托单位），河南牧业经济学院，信阳农林学院。

专家团队：河南农业大学康相涛（团队技术专家负责人）、田亚东、孙桂荣和王彦彬等。

（二）保种场技术储备和人才培养情况

固始鸡原种场储备有专业的技术人才，目前场内有大专以上学历的专业技术人员 6 人，其中中级以上技术职称的人员 2 名，分管生产、饲料营养、疫病防控、繁育、孵化以及档案管理。按《畜禽遗传资源保种场保护区和基因库管理办法》要求，这些直接参与保种工作的技术人员都经专业技术培训，并掌握了保护固始鸡遗传资源的基本知识和技能。

五、制度建设

（一）品种保护要求

（1）固始鸡保种群应按固始鸡品种标准进行保种，不进行选择。

（2）世代间隔不少于 1 年。

（3）采用"家系等量随机选配法"保种，家系组建不少于 50 个公鸡家系，不少于 500 只母鸡。

（4）保证保种群个体性能记录和按系谱繁殖的准确性。

（5）建立固始鸡各世代的表型性状档案和分子标记档案，监测世代间的表型性状差异和分子遗传结构差异。

（6）根据保种监测结果，评估保种方案。对世代间表型性状和分子遗传结构都发生较大变化的，分析原因，采取针对性措施。

（7）虽采用人工授精，但不按家系纯繁时，要确保所有公鸡都有繁殖后代的机会。

（二）人员分工及职责

按固始鸡原种场保种所需技术类型进行技术人员的分工，并有明确的职责要求、管理制度和技术操作规程，分别负责饲养管理、饲料调控、防疫用药、核心群繁育、孵化出雏以及保种档案管理。同时要相互协作，保障保种工作的有效开展。

（三）管理制度

固始鸡原种场管理制度包括：车辆出入管理制度、环境消毒制度、防疫制度、疾病防治管理制度、药品管理使用制度、数据档案管理制度、粪污无害化处理管理办法、病死鸡及废弃物处理管理办法、病死动物报告及无害化处理制度等。

（四）技术操作规程

为明确饲养过程中的技术要点和操作方法，公司制定了相应的技术操作规程。技术操作规程包括：免疫程序、称重要求、光照要求、换料流程、转群操作要求、断喙技术操作要求、个体产蛋测定操作流程、家系人工授精操作要求、消毒操作规程（车辆、人员出入消毒操作规程，带鸡消毒操作规程，饮水消毒操作规程，空舍消毒操作规程）等。

（五）档案记录与管理制度

根据《种畜禽管理条例》建立固始鸡的保种档案，档案信息包含固始鸡保种群饲养全过程。保种群档案长期保存，各项记录及统计数据按世代归档。

1. 种鸡档案和群体系谱建立　建立包括种鸡出雏日期、父母翅号、生长发育性能测定、产蛋性能测定等记录的种鸡档案。建立保种群体系谱，计算近交系数。

2. 各项记录及统计数据按世代归档　记录数据参照《家禽生产性能名词术语和度量统计方法》（NY/T 823—2004）的要求统计。

（1）饲养记录　记录日期、日龄、存栏数、死亡数、喂料量、每2周体重、舍内温度，以及43周龄前各个体产蛋记录，45周龄后群体产蛋数等内容。

（2）防疫记录　按《中华人民共和国动物防疫法》的要求执行。

（3）留种记录　记录选择日期、日龄、留种方法与标准、留种前鸡数及留种鸡数等。

第二节　固始鸡保种目标

畜禽遗传资源保护就是保持其遗传多样性，要长期保存固始鸡的遗传多样性（特征、特性、遗传品质），尽可能地不使任何基因丢失。

一、保种群规模

固始鸡 10 个世代近交系数不超过 0.024。固始鸡各世代繁殖群体规模恒定，为 50 个家系（每个家系 1 只公鸡，10 只母鸡），留种 14 d，产蛋率按 50% 计，每只母鸡平均可留 6 只以上雏鸡，雏鸡 3 000 只以上。

二、遗传多样性保护

（1）根据固始鸡地方标准保持其体型外貌特征的多样性。
（2）保持体重、体尺指标符合品种标准要求。
（3）保持生长性能符合品种标准要求。
（4）保持饲料报酬符合品种标准要求。
（5）保持肉用性能符合品种标准要求。
（6）保持产蛋性能符合品种标准要求。
（7）保持繁殖性能符合品种标准要求。
（8）保持蛋品质符合品种标准要求。
（9）保持生活力符合品种标准要求。

第三节　固始鸡保种方法与技术手段

家禽的保种工作是一项长期而艰巨的工作。对于承担保种选育工作的地方种禽场而言，由于保种经费短缺，饲养成本逐年上升，单纯保种，工作难有起色。因此，将固始鸡保种和开发利用有机结合，以保种促进开发利用，以开发利用为保种提供资金支持，形成保种和开发利用相互促进的良性循环，为地方鸡种保护提供了成功范例。

一、保种模式

对于固始鸡的保种，为实现保种目标，达到预期的保种效果，建立以"单流向"优化利用保护为核心的固始鸡资源安全"三重"保护体系，以实现资源保护与利用的有机统一。

（一）原生态保护模式

建立原生态放养保种群，确保固始鸡固有特性的稳定遗传。

（二）异地保护模式

实行异地保种，建立河南农业大学（河南农业大学种鸡站）、河南三高农牧股份有限公司和原产地核心区（固始鸡生态示范养殖基地）三级保种体系，从而可避免重大疫病等因素造成的毁灭性损失。

（三）"单流向"优化利用保护模式

组建固始鸡保种群和利用群，保种群采用原生态放养，不做定向选择；利用群每年从保种群中扩繁，优化主要性状均匀度，参与配套制种后淘汰，避免定向选育或杂交改良对种质资源的破坏，达到保护和利用的双重成效。

二、保种方法

固始鸡活体保种采用"家系等量随机选配法"，即按各家系每世代选留的公母鸡总数相等，家系内选留的公母鸡数不等，性别比例相同的方法留种，繁殖方式采用随机交配。

（一）种群选留

按照各家系等量留种法，分别在雏鸡出壳时、8周龄、20周龄、产蛋期（公鸡30周龄、母鸡43周龄）选留符合本品种特征的个体。世代间隔为1.2年。

1. 出雏选留　每个家系选留健壮雏鸡，胎粪检测禽白血病阴性鸡只，佩戴翅号，建立核心群。

2. 育成早期选留　8周龄时通过称重，外貌评定，随机选留符合本品种特征的个体，同时进行鸡群鸡白痢和禽白血病的净化工作。

3. 开产早期选留　鸡群转入产蛋鸡舍后，通过称重，体尺测定，外貌评定，随机选留符合本品种特征的个体。

4. 繁殖期公鸡和母鸡的选留　公鸡在30周龄时通过对精液品质测定，母鸡在43周龄通过统计其产蛋性能，随机选留符合本品种特征的个体；同时对鸡白痢、禽白血病进行检测，淘汰阳性鸡只。

（二）种群选配

1. 组建家系　根据固始鸡的体型外貌和生产性能，选择符合要求的50只公鸡、500 只母鸡，组建 50 个家系的保种核心群，每个家系选留 1 只公鸡（另备用 1 只）、10 只母鸡（另备用 5 只）。

2. 配种　采用人工授精进行配种，避免家系内全同胞、半同胞交配。

（三）繁育方法

固始鸡的繁育见固始鸡提纯复壮技术路线（图 3-1）。

第四节　固始鸡性能检测

本节主要介绍固始鸡表型特性检测的主要指标、检测要求及方法，以评价固始鸡的表型保种效果。

一、主要检测指标

1. 体重及体尺　固始鸡体重主要检测初生体重，8、20、43 周龄体重，5% 开产体重；体尺检测 20 周龄体尺，主要包括体斜长、胸宽、胸深、龙骨长、骨盆宽、胫长和胫围。

2. 肉用性能　主要测定固始鸡 20 周龄屠宰性能和肉质特性等。

3. 产蛋性能　主要测定固始鸡开产日龄，开产蛋重，43、66 周龄蛋重，43 周龄日产蛋数等。

4. 繁殖性能　主要测定固始鸡种蛋受精率和受精蛋孵化率。

5. 生活力　主要测定固始鸡的育雏成活率、育成成活率以及产蛋成活率。

二、检测要求及方法

固始鸡主要指标的检测按照《家禽生产性能名词术语和度量统计方法》（NY/T 823—2004）执行。

第五节　固始鸡保种效果

在保种群继代繁殖过程中，根据建立的系谱档案核对新家系，以避免全同胞或半同胞组配。同时，对固始鸡保种群每一世代进行外貌特征、体重、体尺、生产性能等表型性状的监测，使保种群首先在表型上保持固始鸡的品种特征，性状上保持稳定性。

（一）体型外貌的一致性

1. 外貌特征　固始鸡原种于 2006 年组建零世代家系，经过 11 世代的继代繁育，每一世代保持着相同的体型外貌（图 3-2）：尾羽以黑色佛手状为主，少有黑色直尾；青喙；皮肤以白色为主，少有青黑色；青胫（每世代青胫率在 97％上下浮动）；冠型以单冠为主，少有豆冠；冠、肉髯及耳垂均呈红色；虹彩为栗色；公鸡羽色多为深红色，黄色较少；母鸡羽色以黄羽或黄麻羽为主，偶有白羽。

公鸡　　　　　　　　　　　母鸡

图 3-2　固始鸡（黄羽或黄麻羽系）

2. 体重与体尺　经过 11 世代的继代繁育、提纯复壮，固始鸡的平均体重和变异系数在世代间发生了一定的波动，0、4、8 世代体重变化情况如表 3-1 所示，由于营养水平、规范化管理等原因，固始鸡公、母鸡平均体重到 4 世代均有所提升，8 周龄公鸡由 0 世代 667.2 g 上升至 4 世代 690.5 g，母鸡由 0 世代 551.0 g 上升至 4 世代 562.3 g；繁育到 8 世代以后，体重接近 0 世代且变异系数降低。0、4、8 世代体尺的变化情况如表 3-2 所示，体尺性状在世代间没有发生显著变化，表明性状相对稳定。

表 3-1　固始鸡 0、4、8 世代体重比较（g）

世代	性别	0 周	8 周	20 周	5%开产	43 周
0	♂	35.0±3.43	667.2±60.71	1 603.4±142.44	1 756.8±179.61	2 009.7±198.71
	♀		551.0±50.70	1 312.2±148.20	1 426.5±146.87	1 632.5±161.15
4	♂	36.4±2.12	690.5±59.24	1 638.7±135.12	1 800.2±163.27	2 106.2±200.80
	♀		562.3±48.52	1 329.4±141.19	1 485.1±139.34	1 705.2±166.37
8	♂	35.6±2.24	672.1±57.71	1 619.8±134.35	1 779.5±163.10	2 042.7±205.80
	♀		555.0±45.36	1 337.6±128.98	1 450.9±142.40	1 685.4±168.87

表 3-2 固始鸡 0、2、4、6、8、10 世代 20 周龄体尺比较（cm）

世代	性别	胫长	胫围	体斜长	胸宽
0	♂	11.7±0.56	3.6±0.16	22.7±0.95	6.5±0.32
	♀	9.6±0.45	3.0±0.15	19.2±0.96	6.1±0.29
2	♂	11.6±0.50	3.7±0.18	23.2±0.95	6.4±0.31
	♀	9.7±0.38	3.1±0.13	19.8±0.96	6.2±0.27
4	♂	11.8±0.53	3.7±0.17	23.4±0.95	6.4±0.32
	♀	9.7±0.41	3.2±0.16	19.7±0.89	6.3±0.30
6	♂	11.8±0.55	3.6±0.20	22.9±1.02	6.5±0.31
	♀	9.6±0.40	3.1±0.15	19.4±0.86	6.3±0.30
8	♂	11.6±0.48	3.6±0.20	23.1±1.01	6.4±0.30
	♀	9.7±0.43	3.1±0.12	19.1±0.79	6.1±0.28
10	♂	11.8±0.50	3.8±0.12	23.3±0.85	6.5±0.29
	♀	9.7±0.37	3.2±0.17	19.5±0.76	6.2±0.29

（二）生产性能的稳定性

固始鸡 0、4、8 世代 20 周龄屠体性状见表 3-3。

固始鸡 0、4、8 世代产蛋性能及繁殖性能见表 3-4。

（三）品质风味的保持性

1. 肉质特性

（1）常规肉品质 鸡肉的物理性状决定了肉品的可接受性，固始鸡作为优良的地方鸡，肉蛋兼用，保种必然要保持其肉质风味的不改变性，因此对常规肉品质的监测十分必要。以下仅列出 0、4、8 世代固始鸡母鸡 20 周龄肌肉常规肉品质比较（表 3-5）。从比较结果看，胸肌和腿肌的滴水损失和 pH 均有不同程度的浮动，但没有显著差异。通过监测世代间 20 周龄固始鸡母鸡胸肌和腿肌肌肉的物理性状，表明 20 周龄固始鸡世代间常规肉品质没有发生变化，保种效果良好。

（2）化学组成 不同年龄和不同品种的鸡肌肉的含水量不同，一般在70%～75%范围内，肌肉的水分含量越高，口感会越好，肉的多汁性越好，适口性越优；水分含量越低，干物质含量相应越高，总养分含量也越高。通过监测 0、4、8 世代固始鸡母鸡 20 周龄肌肉化学组成（表 3-6），表明 20 周龄固

表 3-3 固始鸡 0、4、8 世代 20 周龄屠体性状比较

世代	性别	宰前活重(g)	屠体重(g)	屠体率(%)	半净膛率(%)	全净膛率(%)	腿肌率(%)	胸肌率(%)	腹脂率(%)
0	♂	1 603.4±142.44	1 430.0±147.21	89.20±3.23	80.37±4.82	63.58±3.23	26.70±1.92	15.26±2.47	—
	♀	1 312.2±148.20	1 164.1±135.44	88.71±1.56	79.10±3.25	61.79±2.08	21.94±1.04	16.98±1.57	2.32±0.57
4	♂	1 638.7±135.12	1 465.0±137.44	89.41±2.22	80.21±3.81	64.32±2.41	26.40±1.12	15.91±2.35	—
	♀	1 329.4±141.19	1 189.8±125.34	89.46±1.31	79.22±2.98	62.90±2.31	22.14±0.92	17.80±1.26	2.66±0.35
8	♂	1 619.8±134.35	1 446.8±130.55	89.32±2.01	80.34±3.54	64.04±2.12	26.65±1.27	15.49±2.15	—
	♀	1 337.6±128.98	1 194.1±122.65	89.27±0.96	79.30±2.72	62.48±2.00	22.36±1.01	17.34±1.07	2.51±0.42

表 3-4 固始鸡 0、4、8 世代产蛋及繁殖性能比较

世代	开产日龄	开产蛋重(g)	43 周龄饲养日产蛋数(枚)	43 周龄蛋重(g)	66 周龄饲养日产蛋数(枚)	66 周龄蛋重(g)	种蛋受精率(%)	受精蛋孵化率(%)
0	161±12.89	37.4±3.82	80.3±8.56	52.8±5.65	161.0±15.78	55.1±6.23	92.1	89.3
4	159±12.75	38.1±3.32	80.8±8.21	53.1±4.94	162.5±15.22	55.7±5.17	94.5	90.5
8	159±11.95	38.5±3.74	80.5±7.54	53.5±4.72	161.9±14.73	55.8±4.76	94.7	90.3

始鸡鸡肉水分含量以及肌内脂肪含量相对较高，且腿肌优于胸肌，世代间没有显著差异，风味保持性较好。

表 3-5　固始鸡母鸡 0、4、8 世代 20 周龄肌肉常规肉品质

部位	项目	0 世代	4 世代	8 世代
胸肌	滴水损失（%）	3.56±0.54	3.45±0.49	3.52±0.47
	pH（45 min）	5.75±0.13	5.70±0.11	5.74±0.16
	pH（24 h）	5.61±0.10	5.63±0.12	5.62±0.15
腿肌	滴水损失（%）	2.73±0.58	2.70±0.55	2.65±1.02
	pH（45 min）	6.19±0.18	6.19±0.14	6.20±0.15
	pH（24 h）	6.24±0.14	6.24±0.12	6.25±0.27

表 3-6　0、4、8 世代固始鸡母鸡 20 周龄肌肉化学组成（每 100 g 鲜样，g）

部位	项目	0 世代	4 世代	8 世代
胸肌	水分含量	73.15±0.38	73.33±0.32	73.20±0.34
	干物质含量	26.67±0.52	26.58±0.49	26.69±0.41
	肌内脂肪含量	0.95±0.22	0.97±0.19	0.93±0.31
腿肌	水分含量	75.14±0.89	75.20±0.79	75.23±0.94
	干物质含量	24.83±0.98	24.76±0.88	24.77±1.00
	肌内脂肪含量	2.71±0.92	2.76±0.95	2.65±0.79

2. 蛋品质　蛋品质能够反映鸡的品种特性、产蛋性能和营养价值等，其中蛋重是评定母鸡产蛋性能和营养物质含量多少的重要指标；蛋形指数主要取决于输卵管峡部的构造和输卵管壁的生理状态，与品种有关；蛋壳颜色对于同一品种是相对固定的，由鸡的遗传结构决定；哈氏单位是评定蛋白品质的重要指标，其范围为 30～100，特级（AA 级）为 72 以上。通过监测 0、4、8 世代固始鸡 43 周龄蛋品质物理性状（表 3-7），发现固始鸡世代间蛋品质性状无显著差异，且鸡蛋品质达到特级。

表 3-7　0、4、8 世代固始鸡 43 周龄蛋品质物理性状比较

世代	蛋重（g）	蛋形指数	蛋壳厚度（μm）	蛋壳颜色（级）	哈氏单位	蛋黄比例（%）
0	52.8±5.65	1.32±0.09	57.8±1.76	1.4±0.24	75.1±4.30	32.7±2.15
4	53.1±4.94	1.31±0.10	55.9±1.47	1.3±0.15	76.5±3.28	31.9±3.22
8	53.5±4.72	1.31±0.08	56.6±1.67	1.4±0.18	75.6±2.48	32.5±1.91

注：蛋壳颜色按一般分类标准分为浅褐、褐、深褐 3 种，依次定为 1、2、3 级。

第六节　固始鸡种质特性研究

一、品种特异性性状的遗传机制研究

(一) 固始鸡羽速自别的建立

依据鸡的快、慢羽显隐性关系以及伴性遗传的原理，通过个体选择、测交和纯繁扩群等方法建立了固始鸡快、慢羽纯系。其纯繁后代快羽及慢羽比例分别达到了99.5%和99.7%以上。经两系杂交配套，其后代雏鸡羽速自别雌雄的准确率达到了99%以上。围绕固始鸡种质资源创新与应用共申请了12项国家科技发明专利，其中有5项获得国家授权（专利号为：ZL02115966.1、ZL1133666.8、ZL3126171.X、ZL3126169.8和ZL200310110195.7）。

(二) 利用微卫星标记分析固始鸡及其他鸡种群体遗传结构

选择家禽基因组中的10个微卫星标记，通过对固始鸡5个系及4个其他品种（绿壳蛋鸡、星红褐蛋鸡、罗曼蛋鸡、艾维茵肉鸡）的多态性扩增，计算出各个群体在这10个微卫星标记座位上的等位基因频率、微卫星多态信息含量（PIC）、各群体遗传杂合度（H）、群体间遗传距离（D_A），并根据遗传距离对这9个种群进行了UPGMA聚类分析。结果表明：每个座位平均检测到3.625个等位基因（3～4个），平均多态信息含量为0.5203，平均杂合度为0.6260，固始鸡慢羽系与快羽系被聚为一类，固始鸡被聚为一大类。聚类分析结果与各群体的育种历史基本一致，固始鸡群体遗传多样性较为丰富，具有较高选择潜力。

(三) 固始鸡资源群 (参考家系) 的建立与应用

分别以固始鸡和安卡鸡为父、母本，按F-2设计方案组建了固始鸡资源群体，其中正交系4个，反交系3个。F_2代共屠宰876只，测定了包括外貌、体尺、屠体性状、肉质性状、血液生化指标等近60项参数，共15万多个有效数据，分析表明资源群表型性状分离明显。围绕固始鸡资源群（参考家系）开展了心脏型脂肪酸结合蛋白基因多态性与肌内脂肪含量、肌细胞生成素基因多态性与肌纤维性状、Δ9-脂肪酸脱氢酶基因多态性与胸肌油酸含量的相关性研究。

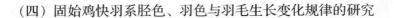
（四）固始鸡快羽系胫色、羽色与羽毛生长变化规律的研究

研究发现固始鸡随着周龄的增加，胫色的变化是由浅色向深色转变；而羽毛则是由深色向浅色转变。固始鸡快羽系部分公鸡 6 周龄已有明显的性征表现，此时羽色鲜艳、亮丽、鸡冠发育清晰可辨，公鸡羽色多为红棕黄羽。羽毛脱换情况为：从 5 日龄开始长尾羽，9 日龄快羽鸡部分个体的颈部开始换羽，到 13 日龄全部开始换羽。换羽顺序依次为尾、颈、胸、体干（沿翅膀边缘两侧）至背部。为进一步保存、开发和利用固始鸡提供参考依据。

二、分子标记开发研究

（一）分子辅助选择的青胫隐性白羽固始鸡品系的选育

开发了一种基于分子辅助选择的青胫隐性白羽鸡品系的培育方法（专利号：CN103583470A），研究采用分子辅助选择的方法鉴定鸡显性白羽位点的基因型，可以快速判定出该位点的基因型，生产基因型为 ii 的青胫隐性白羽鸡品系，能有效避免测交选育的烦琐，缩短世代间隔，加快育种进程，降低培育成本。选育的青胫隐性白羽鸡品系其肉质细嫩，肉味鲜美，生产性能高，既可以作为商品鸡直接投入生产，还可以与青胫黄麻羽进行配套应用。

（二）固始鸡青胫性状分子标记辅助选择

开发了一种可用于检测鸡青胫性状连锁 SNP 位点基因型（专利号：CN104293905A）的方法，针对鸡青胫性状特有的一个 SNP 位点，在其附近的 DNA 片段设计引物，PCR 扩增后对扩增产物进行 BamHI 酶切，若该突变位点为 G，存在 BamHI 酶切序列 GGATCC，则 PCR 产物酶切后片段为263bp；若该突变位点为 T，不存在 BamHI 酶切序列 GGATCC，则 PCR 产物酶切后片段为 317 bp。与 SSCP 和直接测序法相比，该检测方法操作简便，成本低、周期短，能大大提高 SNP 位点基因型判定的准确性，能有效判定鸡青胫性状 SNP 位点的基因型，可用于鸡青胫性状分子标记辅助选择，为固始鸡青胫纯化提供有效的分子标记。

第四章
固始鸡新品种培育研究

第一节　固始鸡新品种研究背景

一、"三高青脚黄鸡3号"配套系

我国是一个讲究美食的国家，对优质肉鸡和优质鸡蛋需求旺盛。以经济发达的广东为例，20世纪90年代初期，广东每年上市的肉用仔鸡10倍于黄羽肉鸡，经过十几年的市场发展，市场份额已经发生了倒置，目前黄羽肉鸡上市数量已经10倍于肉用仔鸡。近十年来，黄羽肉鸡正以迅猛的发展速度向全国范围辐射。国家畜牧行业协会监测数据表明，2011年黄羽肉鸡与肉用仔鸡出栏数量均为43亿只，已经占据我国肉鸡市场出栏数的半壁江山。目前，我国优质鸡蛋的发展现状与90年代优质鸡发展历程十分相似：目前市场上优质鸡蛋占整个商品鸡蛋市场份额的10％左右。根据市场调查结果分析，考虑我国人民讲究美食的习惯，相信未来优质鸡蛋将具有广阔的市场增长空间。

河南地方鸡商业化规模饲养的发展得益于20世纪70年代中国香港、澳门市场需求和内地居民消费水平的日益提高。随着我国经济的快速增长，人们对优质鸡的需求日益增加，市场规模逐步扩大，近年来市场份额已经超过了快长型铁脚麻鸡。但是，我国地方鸡种普遍存在纯种制种的问题，不能利用杂交优势，也不利于知识产权保护。此外，品种选育程度较低，产蛋等繁殖性能较低，疾病净化程度不高。这些问题的存在，阻碍了优质鸡养殖企业扩大生产规模和进行标准化生产。

固始鸡属于肉蛋兼用型地方品种，具有产蛋较多、肉质好、屠宰率高和适应性强等特点，在当地的自然条件和人工选择下，经过长期选育，形成了这一优良的地方品种。固始鸡作为我国优良的地方鸡种，被列入了《中国家禽品种志》，属于 27 个地方品种之一。

实践表明，只有采用保种与开发相结合的方式，才能将优良地方品种进行有效的保种。资料显示，家禽品种对家禽生产的贡献率超过 40％。将纯种固始鸡作为一个配套系的终端父本，根据在配套系中的作用建立若干个专门化固始鸡母本配套新品系，将配套生产中主要的经济性状如肉质、繁殖性能、生长性能和体型外貌等分散到几个品系中分别选育提高。为保持配套系优良的肉质、鸡蛋品质和适应性等优良特质，在各品系的培育过程中，只导入少量的外血。通过杂交配套，充分利用杂种优势，提高产品的综合品质，可有效地保护企业的知识产权，增加企业的经济效益。

"三高青脚黄鸡 3 号"配套系的立项，是为了顺应市场对优质鸡和优质鸡蛋的需求，利用我国独特的地方鸡品种资源，采用现代家禽育种技术进行的重要研发项目。该配套系不仅可以配套固始鸡公鸡，用于生产优质肉鸡，也可以作为优质鸡蛋生产使用，淘汰种鸡还可以用于做售价较高的优质老母鸡销售。上述三种用途集于一体的配套系，增加了产品的附加值，有效地应对了变幻莫测的市场。

研究者将现代遗传育种科技与企业生产经营结合起来，建立健全育种及良种繁育体系。同时还开展了本配套系的营养需要、疾病防控技术和饲养管理技术研究。旨在全面提升企业综合管理水平，提高产品质量，降低生产成本，为企业扩大生产规模、提高经济效益奠定了良好的基础。

二、"豫粉 1 号蛋鸡"配套系

（一）国外引进品种严重威胁我国蛋鸡种业战略安全

我国是蛋鸡生产大国，截止到 2018 年，鸡蛋产量已连续 32 年位居世界第一；人均鸡蛋消费量超过 17 kg，达到发达国家水平；蛋鸡业年产值已超过 2 000亿元。但长期以来我国蛋鸡品种主要依赖进口，其生产量占我国鸡蛋总量的 70％以上。且国外蛋鸡种业垄断程度越来越高，目前市场占有率高的蛋鸡品种主要集中在少数几个跨国集团，如来自德国 E－W 集团的海兰、罗曼和尼克等鸡种；来自荷兰汉德克集团的伊莎、海赛克斯和迪卡等鸡种，严重威胁我国蛋鸡种业战略安全。

（二）自主培育品种市场占有率将稳步提升

国内蛋鸡育种研究起步于 20 世纪 70 年代末，到 90 年代初达到鼎盛时期，期间育成了"北京白鸡"系列品种、"滨白"和"豫州褐 913"等多个优秀配套系，并曾一度占据国内 70% 以上的市场份额。此后，由于经费持续投入不足及育种主体的体制问题等诸多原因，大规模的蛋鸡育种工作基本停止，逐渐拉大了与国外的差距。

进入 21 世纪后，蛋鸡育种工作重新受到重视，育出了一批蛋鸡配套系，如"新杨褐壳蛋鸡""新杨绿壳蛋鸡""农大 3 号""京红 1 号""京粉 1 号"和"京粉 2 号"等。这些配套系对维系我国蛋鸡种业战略安全发挥了重要作用，随着我国蛋鸡遗传改良计划的全面推进和实施，自主培育品种（配套系）的市场占有率必将逐年提升。

（三）土种蛋鸡育种将成为蛋鸡种业新亮点

我国是一个注重美食文化的国家，对食品风味和外观都有较高要求。目前，我国鸡蛋市场总量已接近饱和，继续以数量增长方式增加国内消费的潜力已经有限，蛋鸡业必将向质量型增长模式转变。近年来，一些土鸡蛋、特色鸡蛋产销两旺，市场前景广阔。

土鸡蛋（俗称柴鸡蛋、草鸡蛋）具有蛋白细腻、蛋黄大、蛋味浓郁、胆固醇含量低等优良特性，多为地方品种直接生产或由地方品种与高产蛋鸡杂交生产。当前，我国土种蛋鸡产业与 20 多年前优质肉鸡产业刚兴起时的局面非常相似：一方面产品供不应求，另一方面缺乏土种蛋鸡专门化品种或配套系；截至目前，我国通过国家审定的土种蛋鸡新品种（配套系）仅有"新杨绿壳蛋鸡"和"苏禽绿壳蛋鸡"2 个，远不能满足市场需求，迫切需要培育蛋品口感风味、外观等特征特性符合传统消费需求、生产性能优良的土种蛋鸡新品种（配套系）。可以预见，在未来十年，我国土种蛋鸡产业将走过与黄羽肉鸡相似的发展历程，培育出更多具有中国特色和自主知识产权的土种蛋鸡新品种（配套系），以满足我国特色蛋鸡种业发展需要。"豫粉 1 号蛋鸡"配套系在此背景下应运而生。

"豫粉 1 号蛋鸡"配套系是河南三高农牧股份有限公司与河南农业大学等合作，经过 14 年的研发，培育成的一个土种蛋鸡配套系。该配套系生产性能稳定，繁殖能力强，性成熟早、耗料少、适应性强，且产蛋量高。

第二节 固始鸡新品种配套系的来源

一、"三高青脚黄鸡 3 号"配套系

（一）G 系

1. 基础素材及其特点 固始鸡原种为肉蛋兼用型地方品种，其体型紧凑、肉质滑嫩、皮薄骨细、风味独特，具有青胫和青喙的独特特征。固始鸡母鸡 160 日龄开产，66 周龄产蛋数 161 枚，43 周龄母鸡体重 1 630 g。

2. 选育过程 2004 年从原种固始鸡 6 000 只后代中选留公母快羽雏鸡，组建 G 系基础群。

该品系体型紧凑、肉质滑嫩、皮薄骨细、风味独特，具有青胫、青喙和白皮肤的特征。

（二）R 系

1. 基础素材及其特点 2004 年从中国农业大学引进"农大 3 号"母鸡 6 000 只，母鸡羽色白羽或白羽中带有少量黄羽，胫部为黄色，矮小型；产蛋性能好，蛋壳为粉色，蛋小且蛋品质好，产蛋率高峰达 96％，90％以上产蛋率维持 3～4 个月，72 周龄产蛋 300 枚。

2002 年从河南农业大学家禽种质资源场引进 Rq 品系 3 000 只。此品系为黄麻羽，青胫，含有伴性矮小型基因。此品系性成熟较早，产蛋性能较差，母鸡 165 日龄开产，66 周龄产蛋数 158 枚。

2. 选育过程 Rq 品系公鸡与"农大 3 号"母鸡杂交的 F$_1$ 代母鸡，Rq 公鸡再与 F$_1$ 代母鸡杂交，然后横交固定。经过 3 个世代的选择，挑选矮小型、青胫、青喙、黄羽或黄羽带有少量黑点的公、母鸡，组成 R 系基础群（图 4-1），2006 年开始进行家系选育。

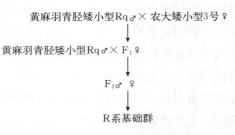

黄麻羽青胫矮小型 Rq♂ × 农大矮小型 3 号♀

黄麻羽青胫矮小型 Rq♂ × F$_1$♀

F$_2$♂♀

R 系基础群

图 4-1 R 系基础群组建技术路线

（三）M系

1. 基础素材及其特点　2002年引进海兰灰3 000只。海兰灰成年鸡背部羽毛呈灰浅红色，翅间、腿部和尾部白色，皮肤、喙和胫的颜色均为黄色，体型轻小清秀。性情温驯，适应性强，蛋壳为粉色。高峰产蛋率93%～94%，料蛋比（21～72周）2.16：1。

2. 选育过程　用固始鸡与海兰灰杂交2次，从中选出黄羽或黄麻羽、青胫、青喙的个体闭锁繁育，经过3个世代的横交固定形成M₂品系。选育过程发现M₂品系的蛋重过大，不符合优质鸡蛋市场要求，羽色不合格比例也略高，所以决定再用固始鸡与M₂品系杂交，然后横交固定，2006年开始进行家系选育，命名为M系。具体育种路线如图4-2所示。

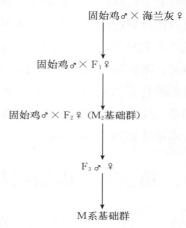

图4-2　M系基础群组建技术路线

二、"豫粉1号蛋鸡"配套系

（一）D系

2004年，利用河南农业大学家禽种质资源场保存的80只矮小型青胫黄麻羽Rq系公鸡混合精液，与560只罗曼粉祖代B系母鸡进行人工授精，F₁代公母鸡自交，然后从F₂代分离群体中挑选矮小、青胫、黄羽或黄麻羽公鸡、母鸡，并进行横交固定，闭锁繁育。再经过2个世代的个体选择，体型外貌等性状稳定遗传后，组成D系基础群，于2008年开始进行家系选育，D系基础群组建技术路线如图4-3所示。

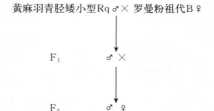

图4-3　D系基础群组建技术路线

（二）H、N 系

从 2004 年开始，连续 2 年利用引进的巴布考克 B - 380 祖代 C 系公鸡的混合精液，与固始鸡原始群体中浅芦花母鸡进行级进杂交，从中选出浅芦花羽的公、母鸡，然后进行横交固定，闭锁繁育。2008 年开始分快、慢羽进行家系选育。其中 H 系为快羽系、N 系为慢羽系，其基础群组建技术路线如图 4 - 4 所示。

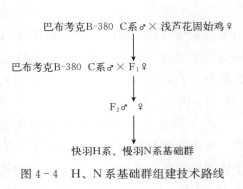

图 4 - 4　H、N 系基础群组建技术路线

第三节　固始鸡新品种育种方案及培育过程

一、"三高青脚黄鸡 3 号"配套系

（一）育种技术方案

1. 技术路线　"三高青脚黄鸡 3 号"配套系具体选育技术路线如图 4 - 5 所示。

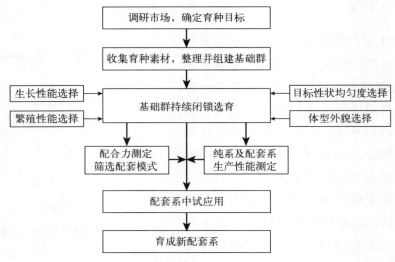

图 4 - 5　"三高青脚黄鸡 3 号"配套系选育技术路线

2. 制定育种目标

（1）父母代种鸡育种目标　父母代母鸡为矮小型，黄羽，青胫，蛋壳粉色；公鸡为快羽，金黄羽或黄红羽，青胫。66 周龄饲养日产蛋数 175～180枚，种蛋平均受精率 94.0%。

（2）商品代肉鸡育种目标　商品肉鸡公鸡羽色金黄，梳羽、蓑羽色较浅且有光泽，主翼羽枣红色，镰羽和尾羽均为黑色，母鸡羽毛为黄羽或黄羽带少量黑点；公、母鸡胫细、长，胫为青色。112 日龄公鸡体重 1 750～1 850 g，母鸡体重 1 300～1 400 g，公、母鸡平均饲料转化率为（3.4～3.5）：1。

3. 育种素材收集　育种素材是配套系选育的基础，全面了解育种素材的特征特性，选择正确合理的育种素材是配套系选育成功的关键。根据配套系"父母代矮小型、青胫、黄羽、蛋壳粉色"的培育目标，开展育种素材收集工作。主要收集了固始鸡原种、"农大 3 号"、海兰灰、河南农业大学的青胫矮小Rq 品系、黑康蛋鸡和新杨白小蛋系等。

4. 品系选育　品系的选育采用专门化品系的培育方法，分父系和母系选育，各品系选择改良的重点性状有所不同，父系主要选择外观特征，肉用性能和受精率；母系重点选择体型外貌、产蛋性能、蛋重和蛋壳颜色。

品系选育采用闭锁群家系选育法，对多性状采用独立淘汰法选种，根据选育性状遗传力的不同，分别采用个体、家系或个体结合家系的选种方法。对于外观性状和高遗传力性状，如羽色和羽色光泽度、体型和体尺、蛋壳颜色、体重等性状均以个体选择为主，家系内选择为辅的选择方法；对产蛋数和受精率等繁殖性状采用家系选择为主，个体选种为辅的选择方法。

5. 选育程序

（1）1 日龄选种　雏鸡出壳时，进行羽色选择，选留黄羽或黄羽带少量黑点个体，记录初生重。淘汰弱雏、其他羽色或有遗传缺陷个体。

（2）8 周龄选种　空腹逐只称重，计算品系均值、家系均值，并按公鸡和母鸡的体重大小排序，淘汰鸡群中体重较大的个体（约占 3%），再根据实际留种率确定体重选留下限。然后再结合个体的羽色等外貌性状进行现场选择。

（3）10 周龄选种　进行鸡白痢检测，淘汰阳性个体。

（4）20 周龄选种　对初选母鸡进行羽色和体型外貌的表型选择，淘汰体重过大和过小的个体，兼顾个体的体尺，选留符合品种标准的个体，并建立产蛋测定群；对初选公鸡的体型外貌结合体重资料进行综合选择，将青喙、羽色金黄、青胫和胫细长的优秀公鸡留作核心群种用公鸡。进行第二次鸡白痢检测，淘汰阳性个体。

（5）43周龄选种 进行鸡白痢检测，淘汰阳性个体。记录个体的开产日龄、43周龄产蛋数，各家系的平均产蛋数，种蛋的受精率和受精蛋的孵化率。根据43周龄产蛋数、蛋重、存活率和上世代66周龄产蛋数的资料，采用家系选择和个体选择相结合的选育方法选留公、母鸡，随机交配（避免3个世代以内半同胞和全同胞），组建新家系，进行下一世代的繁育。

6. 配合力测定与中试 建立专门商品鸡生产性能测定场，对不同品系配套的商品肉鸡进行严格的生产性能测定对比试验，在杂交组合商品鸡生产性能和体型外貌得以认同（符合市场要求）的基础上，结合父母代种鸡产蛋性能，蛋品质测定（符合优质鸡蛋市场要求）结果，综合确定最优的生产配套组合。

7. 相关配套技术研究 研究与"三高青脚黄鸡3号"配套系所需的饲养管理技术，以指导现场技术人员规范生产管理，保障充分发挥配套系的遗传潜力。

这些配套技术主要包括种鸡和肉鸡的免疫程序、营养标准和饲养管理规范。研究的主要技术标准包括："三高青脚黄鸡3号"父母代种鸡饲养管理技术；"三高青脚黄鸡3号"商品鸡饲养管理技术；"三高青脚黄鸡3号"配套系父母代和商品代的营养需要；商品鸡场饲养操作规程；"三高青脚黄鸡3号"配套系防疫规程等。

（二）培育过程

2000—2004年：收集育种素材，包括"农大3号"、海兰灰、河南农业大学 dw 矮小型Rq品系、固始鸡原种、黑康蛋鸡和新杨白小蛋系等。

2002—2005年：利用收集的育种素材，组建R、M和G系3个品系基础群。

2006年：开始组建家系，进行家系选育。

2007—2012年：G、R和M系进行了5个完整世代的家系选育，各品系的生产性能均得到明显的提高。

2009年2月至2010年5月：进行配合力测定，通过对不同杂交组合的生产性能数据的综合评估分析，最终选出一个最优组合GRM，即"三高青脚黄鸡3号"配套系。

2010 年 8 月至 2011 年 11 月:"三高青脚黄鸡 3 号"父母代和商品代送农业部家禽品质监督检验测试中心(扬州)检测。

2010—2012 年:"三高青脚黄鸡 3 号"配套系在河南省信阳市、济源市、郑州市、周口市、驻马店市、漯河市和商丘市等地进行中试,共中试父母代 83 万套,商品代 1 200 多万只。

二、"豫粉 1 号蛋鸡"配套系

(一)育种技术方案

1. 技术路线　"豫粉 1 号蛋鸡"配套系具体选育技术路线如图 4-6 所示。

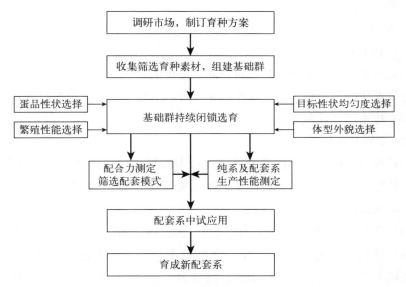

图 4-6 "豫粉 1 号蛋鸡"配套系选育技术路线

2. 制定育种目标　经过市场需求调查,结合育种素材特征特性,制定了土种蛋鸡配套系育种目标,具体如下。

(1)采用三系配套模式,父母代雏鸡羽速自别雌雄,商品代雏鸡羽色自别雌雄,商品代成年母鸡为矮小型,体型外貌、蛋重、蛋形等均符合地方鸡特征,适合笼养与放养方式。

(2)配套系 72 周龄饲养日产蛋数不低于 235 枚,平均蛋重 51～53 g,淘汰鸡体重在 1 200～1 300 g,遗传性能稳定。

3. 选择育种素材　选择合适的育种素材是培育配套系最重要的基础工作，根据配套系商品代矮小节粮、黄麻羽、粉壳蛋等目标，开展了育种素材的收集和筛选工作，主要收集了芦花羽固始鸡原种、罗曼粉祖代 B 系、巴布考克 B-380 祖代 C 系和青胫矮小黄麻羽 Rq 系等。

4. 品系培育　结合素材特点，根据育种目标，通过导入杂交、横交固定、家系选择、个体选择和分子标记辅助选择等育种技术来改善目标性状。

父系主要选择依据早熟性、均匀度、羽色、胫色、蛋壳颜色和产蛋数；母系选择依据羽色、早熟性、繁殖性能和蛋用性状。

采用闭锁群继代选育，系谱孵化，做到所有个体的亲缘关系明确。经系统选育，已形成专门化品系。各品系生产性能均有较大幅度的提高，性状整齐度明显改善，且能稳定遗传。

5. 选种程序

（1）初生雏选择

①选留羽速性状及外貌特征符合品系要求的健雏。

②每世代孵化 2 批，每个家系的每只母鸡后代至少留 3 只健公雏和 5 只健母雏，并按系谱佩戴翅号。

（2）6 周龄选择

①留种鸡体格健壮、被毛紧凑、冠髯大而鲜红，尤其是公鸡。剔除羽色、胫色、肤色等不符合品系要求以及有体格缺陷、发育不良的个体。

②淘汰禽白血病阳性个体。

（3）10 周龄净化鸡白痢沙门氏菌病　淘汰鸡白痢沙门氏菌阳性个体。

（4）18 周龄体重整齐度选择　全群称重，淘汰体重过大、过小的个体，在此基础上选留健康、被毛紧凑、骨骼坚实、冠髯大而鲜红，羽色、肤色、胫色符合品系要求的个体。公鸡要求性反射良好。

（5）20 周龄净化禽白血病和鸡白痢沙门氏菌病　淘汰禽白血病和鸡白痢沙门氏菌阳性个体。

（6）23 周龄（性成熟）公鸡选择　选留精液量多、颜色呈乳白色，精子密度大、活力高的公鸡。

（7）43 周龄选择

① 选留外表健康，鸡白痢、禽白血病检测为阴性的公、母鸡。

② 母鸡选择是在①的基础上，根据 43 周龄个体产蛋数，计算家系平均产

蛋数和全群平均产蛋数等指标，选留家系平均产蛋数高于全群平均产蛋数的家系中的优秀个体。

③ 公鸡选择是在家系均值排名前 10 的家系中，选留最优秀姊妹的同胞公鸡 60～65 只，参加下一世代选配。

6. 性状选择方法

（1）羽色、胫色、肤色、快慢羽、体重、蛋重、蛋壳颜色、蛋形和停产时间等性状均采用个体选择。

（2）产蛋数、均匀度等采用家系选择结合家系内个体选择。

7. 选配方法　各世代每个品系组建 55～65 个家系，公、母鸡按 1∶9 配比。采用避免全同胞的随机选配方式，组建下一世代家系群。

8. 育种措施

（1）由现场育种、饲养、疾病净化、中试应用人员组成育种团队，参加选育的技术工人均经过系统的育种技能培训。

（2）各世代选育目标、选择标准和方法根据育种实际进展做适当修正。

（3）选择以性能测定为基础，个体性能记录、系谱繁殖记录翔实、准确无误。

（4）育种群所有个体自出雏之日起即有唯一的标识；鸡舍内每个公鸡笼位和母鸡笼位都有唯一的号码标识，两个笼位的滚蛋槽之间有效隔开。纯繁时每个家系更换集精杯和输精管。

（5）生产性能按《家禽生产性能名词术语和度量统计方法》（NY/T 823—2004）的要求进行，并按选育阶段及时整理、总结并归档。

（6）各世代饲养管理、工艺流程基本一致。

（7）制订了育种群鸡白痢、禽白血病等垂直传播疾病的检测、净化方案，并按方案执行检测、净化。

（二）培育过程

2001—2004 年：收集并筛选育种素材，包括罗曼粉祖代 B 系、巴布考克 B-380 祖代 C 系、矮小型青胫黄麻羽 Rq 系、芦花羽固始鸡原种等。

2003—2007 年：导入杂交、横交固定，组建 D、H 和 N 系 3 个品系基础群。

2008—2014 年：分别对 D、H 和 N 系进行了 6 个世代的家系选育，3 个品系的生产性能均得到明显提高。

2010年5月至2012年4月：进行配合力测定。通过对不同杂交组合的体型外貌和生产性能的综合评估分析，筛选出最优组合DHN，即"豫粉1号蛋鸡"配套系。

2012年4月至2013年9月："豫粉1号蛋鸡"配套系商品代送农业部家禽品质监督检验测试中心（北京）检测。

2012—2014年："豫粉1号蛋鸡"配套系在河南省济源市、郑州市、禹州市、舞阳县、睢县和固始县等地进行了中试推广。共中试父母代种鸡27.3万套，商品代蛋鸡188.1万只。

第四节　固始鸡新品种生产性能

一、"三高青脚黄鸡3号"配套系

（一）祖代（纯系）

1. 繁殖性能　"三高青脚黄鸡3号"祖代鸡的繁殖性能见表4-1。

表4-1　"三高青脚黄鸡3号"祖代鸡的繁殖性能

项　目	G系	R系	M系
育雏率（％）	98～99	97～98	98～99
育成率（％）	98～99	97～98	97～98
5％开产周龄（周）	22～23	21～22	22～23
5％母鸡开产体重（g）	1 500±142	1 174±110	1 410±140
66周龄饲养日产蛋数（枚）	165.9±14.7	186.4±16.9	177.9±16.0
种蛋合格率（％）	98.5～98.9	98.0～98.5	98.5～98.9
受精率（％）	97～98	95～96	96～97
受精蛋孵化率（％）	93～94	91～92	92～93
66周龄产健雏数（只）	140～145	150～155	146～150
产蛋期存活率（％）	93～94	92～93	93～94

2. 生长性能 "三高青脚黄鸡 3 号"祖代鸡的生长体重见表 4-2。

表 4-2 "三高青脚黄鸡 3 号"祖代鸡的生长体重（g）

周龄（周）	G 系		R 系		M 系	
	公鸡	母鸡	公鸡	母鸡	公鸡	母鸡
8	670±45	550±40	605±36	520±32	651±39	540±34
20	1 711±122	1 420±109	1 390±104	1 130±91	1 660±113	1 380±101
43	2 240	1 810	1 680	1 340	2 170	1 750

（二）父母代

1. 繁殖性能 "三高青脚黄鸡 3 号"父母代鸡的繁殖性能见表 4-3。

表 4-3 "三高青脚黄鸡 3 号"父母代鸡的繁殖性能

项　目	指　标
育雏率（%）	98～99
育成率（%）	97～98
5% 开产周龄（周）	21～22
5% 开产体重（g）	1 170±105
66 周龄饲养日产蛋数（枚）	185～188
种蛋合格率（%）	97～98
受精率（%）	96～97
受精蛋孵化率（%）	93～94
66 周龄产健雏数（只）	164～167
产蛋期存活率（%）	95～97

2. 生长性能 "三高青脚黄鸡 3 号"父母代鸡的生长体重见表 4-4。

表 4-4 "三高青脚黄鸡 3 号"父母代鸡的生长体重

周龄（周）	公鸡（g）	母鸡（g）
8	720±46.4	525±35.7
20	1 725±121.5	1 045±88.9
43	2 170	1 285
66	2 240	1 365

(三) 商品代

1. 商品代鸡的生产性能 "三高青脚黄鸡 3 号"商品代的生产性能见表 4-5。

表 4-5 "三高青脚黄鸡 3 号"商品代的生产性能

项　目	指　标
初生重（g）	36.92±2.22
0～10 周龄存活率（%）	97～98
10 周龄公鸡体重（g）	1 162.8±106.76
10 周龄母鸡体重（g）	932.6±86.54
10 周龄公、母鸡平均体重（g）	1 047.7
0～10 周龄公、母鸡平均饲料转化率	2.46∶1
0～16 周龄存活率（%）	95～96
16 周龄公鸡体重（g）	1 824.4±178.48
16 周龄母鸡体重（g）	1 394.5±133.26
16 周龄公、母鸡平均体重（g）	1 609.5
0～16 周龄公、母鸡平均饲料转化率	3.42∶1

2. 商品鸡肉质 商品代肉鸡 16 周龄肉质测定结果见表 4-6，屠宰性能测定结果见表 4-7。

表 4-6 商品代肉鸡 16 周龄肉质测定结果（公、母鸡平均）

检测项目	胸　肌	腿　肌	样本量
pH	5.97±0.07	6.07±0.08	
滴水损失率（%）	2.09±0.29	1.67±0.21	
粗蛋白（%）	24.91±0.41	22.46±0.38	公鸡 30 只
粗脂肪（%）	0.98±0.03	1.65±0.05	母鸡 30 只
剪切力（0.1 MPa）	2.35±0.19	3.06±0.28	

注：委托测定单位为河南农业大学。

表 4-7　商品代肉鸡 16 周龄屠宰性能测定结果

检测项目	农业部家禽品质监督检验测试 中心（扬州）测定结果		企业 测定结果		样本量
	♂	♀	♂	♀	
屠宰率（%）	90.5	91.2	90.3	91.1	
半净膛率（%）	82.3	82.4	82.2	82.3	
全净膛率（%）	68.3	68.8	68.4	68.9	公鸡 60 只
胸肌率（%）	17.3	19.5	17.2	19.4	母鸡 60 只
腿肌率（%）	26.3	24.4	26.2	24.3	
腹脂率（%）	0.3	5.3	0.3	5.3	

注：委托测定单位为河南农业大学。

二、"豫粉 1 号蛋鸡"配套系

（一）祖代

1. 繁殖性能　"豫粉 1 号蛋鸡"祖代鸡的繁殖性能见表 4-8。

表 4-8　"豫粉 1 号蛋鸡"祖代鸡的繁殖性能

项　目	D 系	H 系	N 系
开产周龄（周）	22～23	21～22	21～22
饲养 72 周产蛋数（枚）	212	258	251
平均受精率（%）	93～95	92～94	92～94
入孵蛋孵化率（%）	85～87	84～86	84～86
产蛋重（20～72 周，kg）	10.6	14.4	14.2
产蛋期饲料转化率	2.70∶1	2.69∶1	2.71∶1
18 周体重（g）	900～960	1 320～1 390	1 330～1 400
43 周体重（g）	1 200～1 260	1 800～1 880	1 810～1 900
72 周体重（g）	1 220～1 300	1 900～2 020	1 950～2 050
育雏育成成活率（%）	94～96	94～96	94～96
产蛋成活率（%）	92～94	92～94	92～94

2. 生长性能 "豫粉1号蛋鸡"祖代鸡的不同周龄体重见表4-9。

表4-9 "豫粉1号蛋鸡"祖代鸡的6、18、43和72周龄体重（g）

周龄（周）	D系		H系		N系	
	公鸡	母鸡	公鸡	母鸡	公鸡	母鸡
6	330～380	290～340	370～440	320～380	390～460	340～400
18	1 100～1 200	900～960	1 550～1 650	1 320～1 390	1 590～1 690	1 330～1 400
43	1 500～1 600	1 200～1 260	2 300～2 400	1 800～1 880	2 300～2 400	1 810～1 900
72	1 600～1 700	1 220～1 300	2 400～2 500	1 900～2 020	2 450～2 550	1 950～2 050

（二）父母代

1. 繁殖性能 "豫粉1号蛋鸡"父母代母鸡的繁殖性能见表4-10。

表4-10 "豫粉1号蛋鸡"父母代母鸡的繁殖性能

项　目	HN系
开产周龄（周）	21～22
饲养72周产蛋数（枚）	253
平均受精率（%）	92～93
入孵蛋孵化率（%）	82～83
产蛋重（20～72周，kg）	14.0～14.5
产蛋期饲料转化率	(2.65～2.75)∶1
18周体重（g）	1 320～1 400
43周体重（g）	1 800～1 900
72周体重（g）	1 920～2 040
育雏育成成活率（%）	94～95
产蛋成活率（%）	92～93

2. 生长性能 "豫粉1号蛋鸡"父母代的不同周龄体重见表4-11。

表4-11 "豫粉1号蛋鸡"父母代的6、18、43和72周龄体重（g）

周龄（周）	HN系	
	公鸡	母鸡
6	330～380	330～390
18	1 100～1 200	1 320～1 400
43	1 500～1 600	1 800～1 880
72	1 600～1 700	1 920～2 040

（三）商品代

1. 商品代鸡的生产性能　"豫粉1号蛋鸡"商品代的生产性能见表4－12。

表4－12　"豫粉1号蛋鸡"商品代的生产性能

项　目	豫粉1号蛋鸡
开产周龄（周）	21～22
饲养72周产蛋数（枚）	240
平均受精率（%）	93～94
入孵蛋孵化率（%）	84～85
产蛋重（20～72周，kg）	11.6
产蛋期饲料转化率	2.50∶1
18周体重（g）	900～1 000
43周体重（g）	1 200～1 280
72周体重（g）	1 220～1 300
育雏育成成活率（%）	94～95
产蛋成活率（%）	92～93

2. 商品代蛋品质　"豫粉1号蛋鸡"商品代蛋品质测定结果见表4－13。

表4－13　"豫粉1号蛋鸡"商品代蛋品质测定结果

项　目	农业部家禽品质监督检验测试中心（北京）测定结果	培育单位测定结果
蛋形指数	1.29±0.03	1.30±0.05
蛋壳颜色	粉色	粉色
蛋壳厚度（mm）	0.35±0.03	0.35±0.03
蛋壳强度（kg/cm²）	3.66±0.61	3.68±0.35
蛋重（g）	51.6±3.0	51.7±3.2
蛋黄色泽（级）	8	8.5
蛋黄比例（%）	—	28.13±2.02
哈氏单位	79.82±3.24	80.28±3.41
血、肉斑率（%）	0.90	0.93

注：数据来源于43周龄测定结果。

第五节　固始鸡新品种优点

一、"三高青脚黄鸡3号"配套系

(一)配套系技术创新点

2011年4月，根据本配套系研发中使用的技术路线，向国家专利局申报3项发明专利。目前，已获授权1项，其名称为"一种高产蛋铁脚麻鸡新品系的培育方法"(专利号：ZL201110110894.6)。本配套系还应用了国家技术发明二等奖"中国地方鸡种质资源优异性状发掘创新与应用"成果，表明本配套系具有较突出的创新性和独特性。本配套系的育成对于保护我国家禽育种领域的知识产权和培育单位的权益，具有重要的理论和经济意义。

根据我国家禽生产市场波动性极大的特点，将优质肉鸡的雏鸡生产，优质鸡蛋的生产和售价较高的老母鸡生产三种用途集于一体，使种鸡生产企业可以较大限度地抵御市场风险。我国优质肉鸡和优质鸡蛋的市场特点是：上半年优质肉鸡苗需求量大，市场行情好；中秋节至春节优质鸡蛋价格较高；过年过节老母鸡需求旺盛。根据每年的市场行情规律，本配套系可以在上半年主要做优质肉鸡生产，下半年主要做优质鸡蛋生产，逢年过节大量淘汰老母鸡。

配套系基本保持了固始鸡适应性强、肉质优良和鸡蛋品质好的品种特点。据农业部家禽品质监督检验测试中心(扬州)测定结果表明，父母代种鸡66周龄入舍鸡产蛋数187.8枚，66周龄饲养日母鸡产蛋数188.6枚，种蛋平均合格率97.8%，种蛋平均受精率98.7%。具有突出的种蛋合格率和受精率，特别是极高的产蛋期存活率；鸡蛋的哈氏单位为78.9，蛋品质较好，43周龄蛋重49.8g，符合市场对优质鸡蛋蛋重的要求。配套系保持了固始鸡优良的鸡蛋品质。

配套系中利用dw伴性基因，不仅可以减少种鸡的饲养成本，还在一定程度上降低了产蛋后期的蛋重。

(二)与同类产品的比较

目前，我国通过国家家禽品种审定的鸡品种或配套系共46个，其中肉用型40个，蛋用型6个。肉用型多集中在快长型和中速型；慢长优质型的较少，只有文昌鸡、京海黄鸡和鲁禽 3 号麻鸡配套系。上述配套系的特点是用途较单一。

我国绝大多数地方鸡种是作为优质肉鸡开发，作为优质蛋鸡开发程度较低。"三高青脚黄鸡 3 号"配套系属慢长型优质肉鸡，并兼有优质蛋鸡的用途，受到用户的欢迎。其突出表现为以下几点。

第一，三种用途的经营灵活性，雏鸡可以做特优型肉鸡生产，也可在雏鸡价格低迷的时候，生产价格高的优质鸡蛋，还可有选择地根据老母鸡市场行情和周转计划的需要，销售较高价格的老母鸡。

第二，母本含有 dw 基因，dw 矮小型种鸡与正常型相比，性情温驯易管理，耗料减少 20%～25%，22～66 周龄耗料 25.45 kg，产蛋期平均每只鸡耗料量为 82.6 g；具有较高的种蛋合格率、受精率和入孵蛋孵化率。例如，"三高青脚黄鸡 3 号"父母代 66 周龄入舍母鸡种蛋合格率为 97.1%，32 周龄和 44 周龄受精率分别为 98.2% 和 97.4%。送检农业部家禽品质监督检验测试中心（扬州），母系（dw）种蛋受精率达到了 98.7%。

第三，产蛋性能较高。因为父母代母鸡含有适量的蛋鸡血统，66 周龄饲养日产蛋数达 188.6 枚。

第四，生命力强，父母代母鸡育雏期、育成期和产蛋期存活率分别达到了 98.2%、99.5% 和 97.2%。66 周龄饲养日产蛋数和 66 周龄入舍母鸡产蛋数分别为 188.6 枚和 187.8 枚，两者相差无几，表明该配套系具备优异的产蛋期存活率。

第五，父母代和商品代均为黄羽或黄羽带有少量黑点，且为青胫、青喙。除广东、广西、香港和澳门地区，其外观性状在我国绝大多数区域深受市场欢迎。特别是云南、贵州、四川和我国台湾省。这为我国优质鸡在全国范围的推广，提供了良好的品种选择。

二、"豫粉 1 号蛋鸡"配套系

（一）配套系技术创新点

1. 技术创新　D、H 和 N 系培育方法及制种技术获得 2 项国家发明专利授权，分别为"一种黄麻羽白壳蛋鸡的培育方法"（专利号：ZL200610017909.3）和"一种横斑浅芦花鸡新品系的培育方法"（专利号：ZL200510017863.0）"，表明本配套系具有较突出的创新性、独特性和唯一性。

2. 素材创新 创新出了 3 个育种新素材：其中 1 个为含高产蛋鸡血缘、携带黄麻羽、青胫、矮小基因的粉白壳蛋鸡，另外 2 个分别含高产蛋鸡血缘、携带浅芦花羽伴性基因的快羽和慢羽褐壳蛋鸡。这 3 个素材是"中国地方鸡种质资源优异性状发掘创新与应用"的主要技术创新内容之一。

3. 产品创新

（1）利用羽速、羽色伴性遗传原理，在国内黄羽优质鸡领域首次培育出了雏鸡双自别雌雄配套系，即父母代羽速自别，商品代羽色自别，降低了生产中人工翻肛鉴别成本及对雏鸡造成的应激。也解决了高产粉壳蛋鸡外貌特征达不到地方土鸡要求的技术难题。

（2）利用 dw 基因的伴性遗传及降低体重和蛋重的效应，后代母鸡为矮小型，可有效地降低饲料消耗，实现了节粮，并解决了目前粉壳蛋鸡配套生产中蛋重过大的问题。

（3）以粉白壳蛋鸡做父本、褐壳蛋鸡做母本，解决了蛋壳色泽不均匀，光亮度差，达不到土鸡蛋标准要求等技术难题。

（4）配套系用途广，淘汰母鸡的黄麻羽外貌符合地方鸡特征，价值高。除做土鸡蛋生产利用外，还可在黄羽肉鸡苗鸡行情好时，充分利用其高产蛋性能，替代目前黄羽肉鸡生产中普遍采用的低产蛋性能母本，分别与中速、慢速型肉用种公鸡配套，以生产中、慢速优质肉鸡，实现多用途生产，从而有效降低企业制种成本，增强企业抵御市场风险的能力，实现优质鸡种业升级换代。

（二）与同类产品的比较

目前，我国通过家禽新品种鉴定或审定的土种蛋鸡新资源或配套系共 5 个，"豫粉 1 号蛋鸡"配套系与其他品种（配套系）的区别见表 4 - 14。从表 4 - 14 可看出，"豫粉 1 号蛋鸡"配套系体型外貌、产蛋性能、蛋重、料蛋比等综合性能更适应市场需求。同时，还独具矮小节粮及雏鸡羽色自别雌雄等特性。

表 4 - 14 主要土种蛋鸡品种比较

品种	配套模式	体型外貌	产蛋性能	蛋品质
豫粉 1 号蛋鸡	三系配套	一致，矮小、青脚、黄麻羽，雏鸡羽速羽色双自别雌雄	较好，72 周龄产蛋 230～240 枚，料蛋比 2.5：1；母鸡淘汰体重 1.2～1.3 kg	蛋壳颜色粉色，品质较好；平均蛋重 51～52 g

（续）

品种	配套模式	体型外貌	产蛋性能	蛋品质
苏禽绿壳蛋鸡	二系配套	一致，具有"三黄"特征，纯合快羽	较好，72周龄产蛋210～220枚，料蛋比（3.4～3.5）：1；母鸡淘汰体重1.4～1.5 kg	蛋壳颜色较一致，深绿色；平均蛋重45～46 g
新杨绿壳蛋鸡	三系配套	较一致，灰白羽底色带小黑斑，纯合快羽	较好，72周龄产蛋245～256枚，料蛋比2.60：1；母鸡淘汰体重1.45～1.55 kg	蛋壳颜色较一致，后期偏白；平均蛋重52～54 g
仙居鸡	本品种利用	有黄、黑、白三种羽色，胫黄色为主，少数青色	平均145日龄开产，66周龄产蛋数172枚；母鸡淘汰体重1.3～1.4 kg	蛋壳颜色为粉色，品质优良；平均蛋重44 g
白耳黄鸡	本品种利用	具有"三黄一白"典型特征	平均152日龄开产，72周龄产蛋数197枚；母鸡淘汰体重1.2～1.3 kg	蛋壳颜色为褐色，品质较好；平均蛋重54 g
济宁百日鸡	本品种利用	有麻、黄、花三种羽色，青色胫为主，少数灰色	100～120日龄开产，年产蛋数180～190枚；母鸡淘汰体重1.3～1.4 kg	蛋壳颜色为粉色，品质较好；平均蛋重42 g

第五章
固始鸡种鸡繁育

第一节　固始鸡饲养管理要求

一、育雏期饲养管理要求

育雏期的目标是保证成活率，达到标准体重和较高的均匀度。

（一）育雏的准备阶段

进雏前将育雏舍清洗干净，包括笼具、地面、门窗、墙壁和顶棚，然后用甲醛溶液和高锰酸钾溶液进行熏蒸，熏蒸前应将门窗封闭严实。每立方米空间用甲醛 28 mL、水 14 mL、高锰酸钾 14 g。先将水倒入耐腐蚀的陶瓷容器内，然后加入高锰酸钾搅拌均匀，再加入甲醛溶液，消毒时间为 12～24 h，鸡舍熏蒸完毕要打开门窗通风，保证进雏时没有刺激性气味。

（二）育雏期温度

1. 温度控制　进雏前要对育雏舍进行预温，温度要达到 35 ℃左右，雏鸡入舍后，前 1～3 d 温度要求在 34～35 ℃，4～7 d 温度要求在 32～33 ℃，以后每周降低 2～3 ℃，至舍温达到 20 ℃恒温，或过渡到自然温度。

2. 施温原则　在给温的过程中，要观察雏鸡的活动表现和状态，适宜的温度鸡群表现散布均匀、活泼好动、自由觅食和饮水。如果雏鸡出现扎堆尖叫，就表明温度不够；雏鸡如果出现张口呼吸，就表明温度过高，这时需要及时调整温度，做到"看鸡施温"；同时避免温度忽高忽低。给温原则通常是，外界气温低时，舍温稍高些；外界气温高时，舍温要低些；夜间宜高，白天宜低些；防疫和断喙时宜高些，鸡群发病期间要高些。在给温期间要求育雏人员昼夜值班，定时查看温度，育好雏鸡，第一周的温度控制尤为关键。

3. 脱温　随着雏鸡的长大，温度逐渐降低，当降到舍内外温差不大时，就考虑进行脱温。脱温要逐渐进行，要有 4～6 d 的时间，逐渐撤离保温设施，防止脱温太快使雏鸡不适应而感冒。脱温要避开免疫、转群时间，鸡群发病期间不宜脱温，选择在天气暖和时间进行。

（三）育雏期湿度

育雏第一周保持适宜的湿度对维持雏鸡正常的代谢活动、卵黄吸收、避免脱水、促进羽毛生长都是必需的，所以相对湿度要求不低于 60%～70%，为了增加育雏舍内的湿度可以向地面洒水或带鸡消毒。育雏后期相对湿度保持在 50%～55%，如果湿度过大，可以采取通风换气的措施。

（四）饮水与开食

1. 饮水　进鸡前半小时，饮水中添加含 2% 葡萄糖和电解质温开水，饮水温度 20～24 ℃，以促进卵黄吸收和维持体内代谢平衡。

2. 开食　雏鸡第一次喂料，一般在饮水后 1 h 开始，此时鸡群已经稳定，饲料放入开食盘中或撒在铺满垫料的专用纸上，必须保证有足够的料位，以后正常喂料时要做到少喂勤添，经常匀料，防止饲料潮湿、霉变及结块。

（五）光照

1. 光照度　1～6 周舍内光照要求较强，可安装 15 W 节能灯，保证鸡只充分采食和饮水。

2. 光照时间　前 3 d 采用 23 h 光照和 1 h 黑暗，第 4～14 天每天光照 16 h，15～21 日龄光照时间 12 h，以后保持恒定 8 h 的光照。

（六）通风换气

1. 通风换气的目的　减少舍内有害气体和灰尘，保证舍内空气质量，给鸡只提供一个良好的生活环境。

2. 注意事项　必须做到整个鸡舍气流速度基本保持一致，做到无死角、无贼风，在确保温度的前提下，定时、定量通风换气。

（七）断喙及称重、分群

1. 雏鸡断喙　断喙的目的：一是有效地防止鸡群啄肛、啄羽、啄蛋等恶癖的发生；二是减少饲料浪费；三是使采食速度减慢、均匀，保证鸡群生长发育整齐一致。一般在 7～10 日龄为宜，上喙切 1/2，下喙切 1/3，用断喙器烙烫，以毛细血管结痂为准。断喙前、中、后三天在饲料中拌入维生素 K_3，同时加入多维电解质以减少应激反应，并在断喙后增加饲料的营养，减少应激伤害。

2. 体重的监测、分群　每周末进行体重监测，监测平均体重是否达到品种标准体重，并将达不到标准体重的鸡群单独分群饲养。笼养雏鸡，一般放在顶层饲养，同时适当延长体重不达标鸡群的光照时间和育雏料的使用时间，以确保体重不达标的鸡群及时达到标准体重。

（八）育雏期应注意的问题

1. 细菌感染　大多是由种鸡垂直传染或种蛋保管过程中及孵化过程中卫生消毒管理上的失误引起，但场区卫生问题也是引起细菌感染的重要因素，必须加强育雏期饲料卫生、垫料、饮水卫生的管理，以及做好消毒工作和预防用药。

2. 环境因素　第一周的雏鸡对环境的适应能力较低，温度过低鸡群扎堆，部分雏鸡被挤压窒息死亡；某段时间在温度控制上的失误，雏鸡也会腹泻，感染疾病而死亡。

降低育雏育成的死亡率，一是生物安全工作管理要到位；二是控制好育雏期的环境；三是育雏期应做好各种疫苗的免疫和药物预防，四是加强各项饲养操作和设备的维护管理，减少意外死亡。

3. 保证鸡群体重达标　一是供给优质的饲料；二是有效的体重监测、分群管理；三是合理的饲养密度和光照制度；四是提前预防育雏阶段的常发病（如球虫、鸡白痢、鸡支原体病）。

4. 断喙的监测　鸡只喙的好坏也是影响鸡群体重、均匀度的重要因素，如果雏鸡断喙不当，影响采食，使体重增重受到影响，后期就要进行二次断喙或修喙。

二、育成期饲养管理要求

育成期的管理目标是通过控料和体重监测措施，使鸡只体型、骨骼发育良好，体成熟和性成熟同步，适时开产。

（一）限制饲养

鸡在育成期间，为了避免采食过多，造成产蛋鸡体重过肥，在此期间对日粮实行必要的数量限制，或在能量上给予限制，这一饲养技术称为限制饲养。

1. 限制饲养的目的

（1）控制体重增长，维持标准体重，提高后期的生产性能，同时也节约饲料。

（2）骨骼发育匀称，保持良好体型，如果性成熟时鸡群达到标准体重且均匀度良好，则鸡群开产整齐，产蛋上高峰时间快，高峰期长。

（3）防止早熟，减少产蛋期间的死淘率。

2. 限制饲养的方法　正确掌握不同品种的鸡群采食标准，然后把每天每只鸡的饲喂量减少到正常采食量的90%，然后根据日龄的增长而变化。限饲一般从7周龄开始，根据该品种的标准体重进行计划限饲。

（二）体重和均匀度的管理

1. 体重不达标时的管理措施

（1）确保环境稳定、适宜，饲养密度适宜，不拥挤。

（2）适当增加饲喂量，增加饲料中粗蛋白质、微量元素的含量。

（3）推迟更换育成鸡料，但最晚不超过9周龄。

2. 提高鸡群均匀度的管理措施

（1）保持鸡群健康、正常生长发育的环境条件。

（2）喂料均匀一致，饲养密度适宜，断喙准确适度。

（3）采取分群管理，根据体重大小将鸡群分为三组，超重组、标准组、低标组，对低标组的鸡群适当增加给料量，对超标组的鸡群应维持上周给料量。

（三）更换饲料管理

8～9周龄将育雏期饲料更换成育成期饲料，20周龄将育成期饲料更换成

预产期饲料，以利于骨骼中钙的储备。换料应有 1 周的过渡时间。例如，第
1、2 天，用 2/3 的育雏颗粒料加 1/3 的育成粉状料，第 3、4 天用 1/2 育雏颗
粒料加 1/2 育成粉状料，第 5、6 天用 1/3 育雏颗粒料加 2/3 育成粉状料，第 7
天全部使用育成粉状料。

（四）光照管理

育成期要实施恒定的光照程序，绝对不能增加光照时间和强度。育成期内
光照时间保持在 8～10 h，光照度要求较弱，应小于或等于 0.5 lx。以半开放
鸡舍或开放式鸡舍为例，在自然光照延长的季节，需要对鸡舍加装遮阴布或挡
光板，这里就要解决好鸡舍通风和光照时间的问题。而密闭鸡舍最大的优点在
于能严格人工控制光照，使得处在"反季节"的鸡群开产正常，产蛋量增加。

（五）转群管理

夏季转群避免高温时间段，选择在早晨进行，冬季选择在气温较高的中午
时段转群。转群前后避免免疫、换料等工作，防止对鸡群造成多重应激，同时
在饲料或饮水中添加一些复合维生素以缓解应激。

三、产蛋期饲养管理要求

产蛋期的管理目标是产蛋前期高峰上得快，高峰期维持时间长，产蛋后期
下降缓慢，整个产蛋期死淘率低，种蛋合格率高，受精率高。

（一）产蛋前期的饲养管理（18～22 周龄）

1. 换料管理　鸡群产蛋率达到 5% 时，开始更换高产料，换料要有 1 周的
过渡时间。

2. 光照管理　18 周龄时，光照时间要达到 12 h，以后每周增加 0.5～1 h，
至 16 h 为止，以后恒定光照。若体重达到标准则开始延长光照刺激，若体重
不达标，则延迟增加光照，最迟不得晚于 19 周末。18 周龄前，若体重提前达
到标准，可提前增加光照刺激。在整个光照期间，光照时间要恒定，不能随意
延长和缩短。在光源的选择上，节能灯的使用不断普及，最优推荐使用的是
LED 灯，优点是光电转化效率较高，节能效果好，灯具使用寿命长，光照度
在 5～10 lx 为宜。

（二）产蛋高峰期饲养管理（23～40 周龄）

1. 喂料管理　开产至高峰期的喂料量要根据周增重和产蛋率来决定，前期不能加料过急，要进行试探性加料。饲料的质量要求稳定，不能随便更换饲料，防止应激，确保鸡只采食量。固定喂料时间，一般早上 5 点钟一次，下午 5 点钟一次，期间要经常匀料，夜晚要净槽，禁止饲喂潮湿、变质、发霉的饲料。

2. 体重管理　每 2 周对鸡群进行一次体重抽测，计算平均体重，并及时分析体重变化的原因，一般每周增重不超过 10 g 为合适，对于平均体重下降的鸡群，建议添加 1% 的植物油。

（三）产蛋稳产期及后期饲养管理（41 周龄至淘汰）

1. 喂料管理　鸡群产蛋进入稳定期以后，也要根据体重检测情况和产蛋率情况来调整喂料量，进行试探性减料，开始时每只鸡减 1～2 g，然后观察产蛋率的变化，如果产蛋率没有下降，过几天再减 1～2 g；如果产蛋率下降，就停止减料计划，选择时机再进行。一般减料幅度是采食高峰期的 10%～15%。

2. 调整鸡群　每天巡栏的时候及时挑出病死残弱鸡，然后进行笼位补缺。产蛋率处于下降期（300 日龄以后）的时候，为了节约饲料成本，提高效益，对鸡群中的低产鸡也要挑出来做淘汰处理。具体鉴别低产鸡的方法见表 5-1。

表 5-1　低产鸡鉴别方法

鉴别项目	高产鸡	低产鸡
鸡冠	鸡冠红大，柔软，细腻有温度	鸡冠发白、发紫，萎缩，冠薄，发凉
羽毛	羽毛光亮、干净	羽毛蓬乱、不光滑 颈部、背部、胸部有羽毛脱落
腿和喙的颜色	不褪色	褪色
趾骨间距	耻骨间距 3～4 指	耻骨间距低于 2 指
腹部	腹部宽大	腹部窄小、瘦弱
肛门	肛门括约肌松弛，有弹性，湿润	肛门括约肌紧缩，无弹性，不湿润，干涩发白
采食	吃料积极，食欲旺盛	将饲料啄掉不爱吃，挑食

四、种公鸡的饲养管理要求

（一）后备期饲养管理（1～17周龄）

1. 饲养

（1）一般在第1～10周龄自由采食，保证种公鸡体格得到充分的发育和生长。

（2）第11周龄以后开始限饲，但限饲不要太严，只将周增重控制在100 g左右。

（3）公鸡断喙要比母鸡少一些，防止断得太多影响以后的配种。

2. 管理

（1）选种　在从育雏舍转到育成舍后马上进行初选。选留体格健壮，冠大且直立，淘汰体型较小及羽色、脚色不符合本品种特征要求的杂色、杂羽鸡，淘汰喙未断到位、腿畸形等一些不符合要求的公鸡。公、母鸡比例1：10，约选留70％；在第10周末选留冠较大、红润且直立的，羽色、脚色等外貌性状符合本品种要求的，并结合全群称重选留体重适宜的公鸡留做种用，公、母鸡比例1：15，约选留40％；在转入产蛋舍之前再选种一次，将性成熟较早、体重较大、体格较健壮以及羽色、脚色符合本品种要求的公鸡留做种用，淘汰羽色较差的（白羽、羽色较淡或偏麻），冠小的，脚颜色不纯且较淡的鸡只，公、母鸡比例1：20，选留20％～30％。

（2）育成期平养　有条件的种鸡场在育成舍最好对后备种公鸡采用平养，这样可增加公鸡的运动量，增强体质，对以后生产性能的提高有很好的促进作用。

（3）饲养密度要小　在10周龄以后，鸡的体型开始慢慢变大，有条件的最好采用单笼饲养，因为此时种公鸡随着日龄的增加，体内性激素的分泌也增加，如每笼内的鸡较多易引发啄斗，增加淘汰率，降低种用价值。

（4）进种数量要足　进苗时公鸡数量占母鸡数的15％～20％，这样选择余地大一些，易出精品。

（二）预产期的饲养管理（18～21周龄）

1. 饲养

（1）在第18～21周龄时周增重要稳步上升，周增重保证在100 g左右，每只鸡每周加料 5～7 g。

（2）维生素 E 与硒拌料促进鸡只性器官发育，保证其性成熟与体成熟一致。

（3）饲料由后备料转换成预产料。

2. 管理

（1）采用单只公鸡单笼饲养。

（2）第 19 周龄时选性反射较好的鸡留下，数量要够。

（3）第 20 周龄时开始试采训练，尽快让鸡对采精动作形成良好的反射。

（4）输精前检测一下精液，选留精子活力较好、密度适中的种公鸡。

（5）进入产蛋舍后公、母鸡同时给予光照刺激，使公、母鸡性成熟一致。

（三）产蛋期的饲养管理（22 周龄至淘汰）

1. 饲养

（1）第 24～25 周龄时公鸡料量要达到高峰料，体况达最佳，30 周龄以后要保持较小、稳定的周增重，防止因种用而体重下降。

（2）天气炎热时，喂料分 2 次，即早上喂 2/3，下午输完精后再喂 1/3。这样既能促进采食又能减少下午采精时精液中混入鸡粪而影响受精率。其他季节可在上午下班时将未吃完的饲料扫出来，下午输完精后再喂给鸡。

（3）匀料次数要足，不能少于母鸡匀料次数。

（4）由预产料过渡到种公鸡料，或者用后备料与种鸡料 1∶1 拌料饲喂。

2. 管理

（1）公、母鸡比例要适宜　一般公、母鸡比例在 1∶30 左右，减少浪费，充分利用优良种鸡。

（2）定期剪公鸡毛　剪尾毛是为了防止脏毛污染精液。剪毛前要加抗应激药，每 10 d 1 次，剪毛动作要轻。当天下午要用的公鸡，上午一定不要剪毛，否则会对公鸡造成较大应激。

（3）定期加维生素　如维生素 C、维生素 E、鱼肝油等，对于一些周龄较大、精液较稀较差的老公鸡可以 3～4 只鸡用一个熟鸡蛋拌料，提高精液品质。

（4）精液质量检测　死精的公鸡不用，弱精的公鸡和活力较好但较脏较稀的公鸡单独放一边饲养，加强护理定期采精，以便下一次检测时保证精液质量有所改善（也可采用平养，以提高精子的活力），提高其种用价值。

（5）生长环境要适宜　理想的温度是 18～25 ℃，温度过高或过低都会影响采精量和精子的活力。冬季注意保温，夏季注意防暑降温，做好通风与保温工作，保持环境卫生，加强消毒，做好防疫。

（6）要有适宜的体重　料量要根据体重灵活掌握，一般料量不能减少，除非特殊情况（如天气炎热或饲料吃不完等）才可适当减一些，每周称重分析观察体重变化，避免因公鸡过肥或过瘦而影响采精量和精液品质。

（7）采精动作要温柔　不可太心急，动作粗暴会导致采不出精液或弄伤鸡，造成损失。

（8）合理利用种公鸡　种公鸡采用隔日采精较好，既不伤鸡，精液品质又好。

（9）及时更换公鸡　对后备鸡充足的种鸡场，在 45～50 周龄以后可适当更换部分新公鸡，以保证后期受精率，充分发挥种鸡的生产性能。

五、其他管理要求

（一）转群管理要求

（1）转群前几天就应逐渐降低鸡舍温度，提高鸡对低温的适应能力。

（2）转群前提高转入舍的温度，缩小转入舍与原鸡舍的温差，在冬季尤为重要。

（3）转群前准备好转群用车辆、鸡笼等，并消毒后备用。

（4）转群前让鸡空腹，抓鸡、装笼要轻，减少机械性损伤（如断翅、断腿、挂伤等）。

（5）转群时，冬季选温暖天气，下午 1:00—2:00 为宜；夏季选在凉爽的早晨或晚上进行。

（6）转群前 3～5 d，饲料中添加抗菌和抗应激药物，防止转群后因环境不适而发病。

（7）转群后饲料中添加复合维生素，以增强鸡的抵抗力。

（8）转群前后 3 d 避免疫苗接种，以免应激造成免疫效果不佳。

（9）转群时进行大、中、小分群，提高后期饲养时群体的均匀度。

（10）转群后注意采食和饮水，采食量在 2～3 d 内下降 10%～15% 属正常。

（11）观察转群后粪便，特别注意稀便、血便、绿便等均是病态反应。

（二）人工授精管理要求

规范种鸡人工授精的操作，减少应激，确保种鸡较高的受精率和产蛋率。

1. 采精技术要求

（1）采精前须将公鸡泄殖腔周围的羽毛剪掉，用沾有消毒液的清洁布擦干净泄殖腔周围，防止采精时视线被阻挡及污染精液。

（2）准备数只经消毒、烘干的瓶盛装精液。

（3）采精要一个人独立完成（或两人配合完成）。采精时轻轻捉出公鸡并夹在两腿间（或一人抓住公鸡用双腿将其保定），一手拿着采精杯，另一手轻抚公鸡背腰部及泄殖腔周围，使公鸡达到充分性兴奋，掌握时机，在公鸡排精时用采精杯接住公鸡射出来的精液，直到采精杯中精液能在半小时内输完为止。切记在公鸡排精时按摩的手要用力适中，拇指和食指轻压泄殖腔两端，不能晃动和用力过大，以免损伤泄殖腔和影响采精量。

（4）采集的精液要保持在 35 ℃左右的温度（通常用手紧握集精瓶来保持温度）。

（5）因精液量不足需要稀释时，首先将精子专用稀释液（或 0.9％生理盐水）放入水中预温到 38 ℃，然后按所需要的比例将稀释液缓慢倒入精液中，最后用输精胶头轻轻搅动使其均匀。

2. 翻肛技术要求　一手捉起母鸡双脚将其倒提，使泄殖腔向上垂直轻靠在笼门口，注意不能挤压鸡腹部。另一只手轻压泄殖腔，让母鸡生殖道翻出来，如有鸡粪用经消毒的布抹干净，待露出左侧粉红色输卵管口时让输精员输精，输精完毕后放开手让生殖道自动回缩。

3. 输精要求　输精须由两人合作进行。一人负责翻肛，另一人负责输精。输精者左手托输精盒（内装足量输精吸头）和精液瓶，右手拿输精器，装上吸头，吸入定量精液（以 0.025～0.030 mL 为宜），待翻肛者将泄殖腔翻出来后，对准粉红色输卵管口插入输精器，并将吸头内的精液输入阴道内。输精动作要迅速，部位要准确，且要掌握好力度，深度为 2～3 cm，每输完一只鸡须更换一只吸头，重复上述技术要领对下一只母鸡输精。若输精时吸头受粪便污染，须立即更换吸头，防止母鸡输卵管受到感染。此输精过程要求两人配合熟练，输精者每输完一只鸡拔出吸头时（输精胶头拔出后才可松手，以防精液返吸），翻肛者应立即松开压在母鸡泄殖腔附近的手，让生殖道自动回缩，以免精液外流。若出现精液外流现象，需重新翻肛补输；输精者感觉到母鸡体内有蛋存在时，也需做记号进行重新输精。

4. 注意事项

（1）输精应在每天下午 3:00 之后进行，以减少重复输精的机会及提高受精率。

（2）输精要及时，采出的精液必须在半小时内输完。

（3）注意输精间隔时间，每 4～5 d 为一个输精循环。

（4）首次输精的母鸡应连输 2 次，从第 3 天开始收集种蛋。

（5）输精后仍产蛋的鸡只，需进行补输。

（6）输精完毕，输精用具必须收集好交指定人员清洗、消毒、烘干，以便下一次使用。

（三）免疫规范管理要求

规范种鸡的免疫操作规程，使鸡群获得一个高而均匀的抗体水平，保证鸡只健康成长和产蛋性能的发挥。

1. 滴鼻、滴眼操作规程　将专用稀释液倒入疫苗瓶内适量，疫苗溶解后再倒入滴瓶内，并将疫苗瓶冲洗 2～3 次，冲洗液一并倒入滴瓶内，轻轻摇动滴瓶使其混合均匀；将滴瓶调好每滴的数量，每只鸡的鼻或眼滴一滴，待疫苗吸入后再将鸡放开。用完后的疫苗瓶、防疫器具等放在事先准备好消毒容器中处理；防疫人员将工作服换下消毒，并经洗手消毒后方可离开。

2. 刺种操作规程　将专用稀释液倒入疫苗瓶内，轻轻摇动使其溶解；用刺种针蘸取疫苗刺破鸡翅无血管处；免疫后第 7 天检查刺种部位是否有红肿、结痂，若有说明免疫成功，若无需要重新免疫。用完后的疫苗瓶、防疫器具等放在事先准备好消毒容器中处理；防疫人员将工作服换下消毒，并经洗手消毒后方可离开。

3. 饮水免疫操作规程　饮水免疫前先将免疫鸡群停水，夏季要停水 1.5～2 h，冬季停水 2～3 h；将饮水器清洗干净备用，做好用水量计算，首免每只按 10 mL 计算，二免每只按 20 mL 计算；将疫苗溶解在不含消毒药的自来水或深井水中，按水量加入 2% 的脱脂奶粉，均匀灌入饮水器中，每 100 只鸡不少于一个饮水器，免疫鸡群应在 2 h 内饮完。用完后的疫苗瓶、防疫器具等放在事先准备好消毒容器中处理；防疫人员将工作服换下消毒，并经洗手消毒后方可离开。

4. 灭活疫苗免疫操作规程　　使用前将疫苗充分摇匀，避光使疫苗温度自然升至常温。注射疫苗时应采用正确的无菌操作程序，选择 9 号短针头进行胸部肌肉或颈皮下注射，注射部位要准确。疫苗一经开瓶应在 24 h 内用完。在注射疫苗过程中每隔 5 min 左右晃动一下疫苗瓶以免发生沉淀。用过的疫苗瓶要做好消毒处理，不可乱扔。

第二节　　固始鸡人工孵化

一、种蛋管理

（一）种蛋的选择与消毒

种蛋的管理从种鸡场开始，一般建议每天收蛋 4 次，以减少污染和破损。为了减少细菌穿透蛋壳的数量，收集种蛋 2 h 后及时进行第一次熏蒸消毒，简易种蛋熏蒸消毒箱可做成一个方形支架，外套厚皮纸，消毒后立即送往种蛋库。

（1）在收集种蛋时，要剔除破壳蛋、污染蛋和裂纹蛋，否则在孵化过程中形成臭蛋而污染其他种蛋。

（2）剔除薄壳蛋、沙壳蛋、畸形蛋、双黄蛋，种蛋的蛋壳厚度一般在 0.32 mm 最好，蛋形指数在 0.72～0.75，初产蛋重要求在 40 g 以上。

（3）种蛋放入孵化蛋盘时应大头朝上。对周龄相差较大的种鸡所产种蛋在孵化时要区分开，分别对待。

（4）种蛋在准备入孵前要进行第二次熏蒸消毒，以确保种蛋在孵化过程中不被细菌污染。熏蒸消毒间应设在蛋库旁，并要设置排气扇，以便排出熏蒸气体。

（二）种蛋的运输

引进种蛋进行孵化时，需要长途运输，这对孵化率的影响非常大，如果在运输过程中采取的措施不当，会增加破损，引起种蛋系带松弛，气室破裂，导致种蛋孵化率降低。

种蛋运输车要用专用车，夏季使用空调车，冬季要采取保暖措施。种蛋运输应有专用种蛋箱，装车时要有防震措施，防止相互碰撞。运输途中做到行车平稳，装卸时也要轻拿轻放，防止震荡导致卵黄膜破裂。

（三）种蛋的保存

（1）贮蛋室内的空气一定要保持清新，贮蛋室和接触种蛋的蛋盘、蛋架等要清洁卫生，蛋盘要有缝隙，不要把种蛋装在不透气的箱子内。

（2）种蛋贮存最适宜的温度在 13～16 ℃，温度过高、过低都不好。当贮存温度高于 23.9 ℃时胚胎开始缓慢发育，导致出苗日期提前，胚胎死亡增多，影响孵化率。当贮存温度低于 0 ℃时，种蛋因受冻而丧失孵化能力。

（3）保存的湿度以接近蛋的含水量为宜，种蛋壳上有许多气孔，在保存期间，蛋内水分通过气孔不断被蒸发，必须使贮蛋室保持一定的湿度，种蛋贮存室最适宜的相对湿度为 70%～80%。如果湿度过高，蛋的表面回潮，种蛋很快会发霉变质；湿度过低，种蛋因水分蒸发而影响孵化率。

（4）对于保存时间稍长时（6～7 d），每天应翻蛋一次，将种蛋翻转 90°，以防止系带松弛、蛋黄贴壳，从而防止胚胎粘连，保证正常的孵化率。

二、孵化管理

（一）孵化条件及其控制

人工孵化必须控制并协调好诸如孵化的温度、湿度、通风、翻蛋与晾蛋等条件，才能获得最佳的孵化率和健雏率，进而获得最佳的经济效益。

1. 温度　温度是胚胎生长发育的重要条件，掌握一个适宜的温度，才能完成正常的胚胎发育，获得高孵化率和健康雏鸡。

（1）生理零度　低于某一温度胚胎发育会被抑制，高于这一温度胚胎才开始发育，这一温度被称为"生理零度"，一般认为鸡胚的生理零度约为 23.9 ℃。

（2）适宜的温度　如果孵化温度过高，胚胎发育速度加快，弱胚增多，死亡率增高，42 ℃持续 2 h 以上，胚胎就会全部死亡；如果温度过低，则胚胎发育缓慢，出雏时间推迟，死亡率增加，24 ℃持续 30 h，胚胎也会全部死亡。

（3）孵化方式　目前通常有变温孵化和恒温孵化两种孵化方式。

①变温孵化法。主张根据不同的孵化器、不同的环境温度（主要是孵化室温度）和鸡的不同胚龄，给予不同孵化温度。其理由是：自然孵化（抱窝鸡孵化）和我国传统孵化法，孵化率都很高，而它们都是变温孵化；不同胚龄的胚胎，需要不同的发育温度。

②恒温孵化法。将鸡的 21 d 孵化期的孵化温度分为：1～18 d，37.8 ℃；19～21 d，37～37.5 ℃（或根据孵化器制造厂推荐的孵化温度）。在一般情况下，两个阶段均采用恒温孵化。恒温孵化对孵化室的建筑设计要求较高，必须将孵化室温度保持在 22～26 ℃和良好的通风。巷道式孵化器采用的就是恒温孵化。如果达不到要求的室温，应当用热风或火炉等供暖；如果没有条件提高室温，则应提高孵化温度 0.5～0.7 ℃。室温超过要求的温度，则应该通风降温，如果降温效果不理想，孵化温度应降低 0.2～0.6 ℃。

2. 相对湿度　孵化湿度参与种蛋的水分代谢及其他物质代谢，相对湿度低，蛋内水分蒸发过快，雏鸡提前出壳，个体弱小，容易脱水；相对湿度大，水分蒸发慢，孵化时间延长，个体较大且腹部较软。

（1）根据孵化阶段调节湿度　孵化前期（1～7 d）湿度要高一些，恒温孵化时相对湿度为 55%～60%（1～20 d），变温孵化时相对湿度为 60%～62%；孵化中、后期（8～20 d）变温孵化相对湿度降至 50%～55%，如果湿度仍高，则增加通风量；出雏期（21 d）应增加湿度 60%～70%，出雏高峰结束时迅速降低湿度。

（2）根据孵化设备类型调节湿度　动力通风式孵化设备由于通风量大，水分蒸发极快，湿度要求也高。

（3）根据地区气候特点调节湿度　在北方干旱地区，空气中湿度低，在梅雨季节，应注意排湿降湿，以防高湿影响胚蛋水分代谢，并防霉菌。

3. 通风换气　在现代孵化工艺中强调了通风换气的必要性和重要性，并配备了强力高效的通风设备。

（1）通风换气的目的　随着鸡胚日龄的增长需要一定的需氧量；排出过量的二氧化碳，二氧化碳的浓度要低于 0.5%；防止热量积聚，确保胚胎安全；减少交叉感染，管道通风能使总的空气流向一致，从而避免交叉感染。

（2）注意事项　通风与温、湿度之间有密切关系，如果通风过量，温度会偏低，湿度也较小；如果通风不良，温度偏高，湿度增大，二氧化碳浓度偏高。鉴于孵化后期胚胎需氧量激增，为确保正常的孵化率，必须向孵化器内输氧，实践证明，这种措施可显著提高孵化率和健雏率。

4. 翻蛋 翻蛋的目的是改变胚胎方位，防止胚胎粘连，使胚胎受热均匀，促进羊膜运动。

（1）翻蛋的起止时间 自入孵至落盘时止，注意超温时停止翻蛋，待恢复到正常温度时再翻蛋，以减少死胚。

（2）翻蛋次数 因各种孵化设备而异，多数自动孵化器设定的翻蛋次数1～18 d为2 h 1次，第一周的翻蛋尤为重要。

（3）翻蛋的角度 自动翻蛋应先按动翻蛋开关的按钮，待转到一侧45°自动停止后，再将开关扳至"自动"位置。人工翻蛋时动作要轻、准、慢。

（二）孵化管理技术

1. 孵化前的准备

（1）消毒 孵化室易成为疾病的传播场所，为了保证雏鸡不受感染，孵化室的地面、墙壁、天花板以及设备和用具应彻底清洗干净，蛋盘和出雏盘往往粘连蛋壳或粪便，需要浸泡清洗，洗涤室和出雏室是孵化室受污染最严重的地方，清洗、消毒丝毫不能放松。

（2）设备检修 为避免孵化过程中发生事故，孵化前应做好孵化器自动化控制系统的检修和调试工作。孵化用的温度计和水银电接点要用标准温度计校正，孵化前进行孵化器的试机和运转，一切正常后才能入孵。

（3）种蛋预热 入孵前，将种蛋放在22～25 ℃的环境中预热6～12 h，可以除去蛋表面的冷凝水，使孵化器升温快，对提高孵化率有好处。

（4）消毒 入孵前对种蛋再进行一次熏蒸消毒。

2. 孵化期的操作管理

（1）入孵 现多采用推车式孵化器，一切准备就绪后，即可将种蛋码放到孵化盘上，直接整车推进孵化器中孵化。

（2）孵化器的管理 立体孵化器由于构造已经机械化、自动化。机械的管理非常简单。主要注意观察温度的变化，观察控制系统的灵敏程度，遇有失灵情况及时采取措施。注意非自动控湿的孵化器，每天要定时往水盘加水，要注意湿度计的准确性。应经常留意机件的运转情况，如电动机是否发热，机内有无异常的声响。

（3）晾蛋 孵化后期胚胎散热较快，热量散发不出去就会造成孵化器内温度升高，需要将种蛋从孵化器移出或将孵化器的门打开，使种蛋降温。对于自动化程度较高的孵化器不需要晾蛋。

（4）照蛋　孵化期内一般照蛋 2 次，目的是及时检出无精蛋和死精蛋，并观察胚胎发育情况，第一次照蛋 7 d 左右，第二次照蛋在移盘时进行，巷道式孵化器一般在移盘时照蛋 1 次。

（5）移盘　在孵化第 19 天或 1% 种蛋有轻微啄壳时进行移盘，将入孵器蛋架上的蛋移入出雏器的出雏盘中，移盘时可进行照蛋。

3. 出雏期的操作管理　胚胎发育正常时，移盘时就有破壳的，20 d 就开始出雏。此时应关闭出雏机内的照明灯，以免雏鸡骚动影响出雏。出雏期间视出壳情况，捡出空蛋壳和绒毛已干的雏鸡，以便继续出雏，但不可经常打开机门。出雏期机内要保持足够的湿度，可对孵化室地面经常进行洒水。出雏结束后，应抽出水盘和出雏盘，清理孵化器的底部，出雏盘、水盘要彻底清洗、消毒和晒干，准备下次出雏用。

4. 停电时的措施　孵化厂应配备发电机以防停电，及时与电业部门取得联系，停电时提前告知。

5. 孵化记录　每次孵化应将入孵日期、品种、数量、照蛋情况、孵化结果、温湿度等记录下来，自行编制记录表格，以便统计孵化成绩或做孵化分析工作时参考。

三、雏鸡鉴别

（一）初生雏雌雄鉴别的意义

（1）商品蛋场需要饲养母雏，饲养公雏价值不大，从而可以节省饲料。

（2）商品肉用场公、母鸡需要分开饲养，避免公雏抢食快而影响母雏的生长发育。

（3）市场上客户对公雏和母雏的需求不同，所以要进行雌雄鉴别。

（二）雌雄鉴别的方法

1. 肛门鉴别法　是目前最常用的鉴别方法，即根据初生雏鸡生殖隆起外观和组织学上的差异来辨别公、母鸡。最适宜的鉴别时间是出雏后 2～12 h，不宜超过 24 h。公母雏鸡生殖隆起外表有以下几点显著差异。

（1）外观感觉 母雏生殖隆起轮廓不明显，萎缩，周围组织衬托无力，有孤立感；公雏的生殖隆起轮廓明显、充实，基础极稳固。

（2）光泽 母雏生殖隆起柔软透明；公雏生殖隆起表面紧张，有光泽。

（3）弹性 母雏生殖隆起弹性差，压迫或伸展易变形；公雏生殖隆起富有弹性，压迫伸展不易变形。

（4）充血程度 母雏生殖隆起血管不发达，且不到达表层，刺激不易充血；公雏生殖隆起血管发达，表层也有细血管，刺激易充血。

（5）突起前端的形态 母雏生殖隆起前端尖，公雏生殖隆起前端圆。

2. 伴性遗传鉴别法 应用伴性遗传规律，培育自别雌雄品系，通过专门的品种或品系之间的杂交，就可以根据初生雏的某些伴性性状准确地辨别雌雄。目前，在生产中应用的伴性性状有：慢羽对快羽、芦花对非芦花、银色羽对金色羽，在此不做具体介绍。

四、雏鸡免疫

目前，我国家禽养殖业正朝着现代化、集约化、规模化、工厂化快速发展，养殖规模越来越大，然而，随着集约化程度的显著提高，疫病的风险和雏鸡人工免疫的压力随之也越来越大，如何让雏鸡及早建立免疫和寻求一种疫苗免疫易于操作、省时、省力的方法已成为广大养殖企业所关心和迫切需要解决的问题。

（一）孵化场雏鸡免疫的前期准备工作

（1）设立一个专门的疫苗配制室，室内配备冰箱、液氮灌、操作台，其上方应安装紫外线消毒灯，台面上摆放有电磁炉、消毒锅、恒温水浴箱、水温计、10 mL 量筒、10 mL 和 60 mL 一次性注射器、酒精棉球、纸巾。另外还应配有防护用具，如白大衣、线手套、口罩、眼镜、水靴等。

（2）配备足够台数的疫苗自动注射机器和疫苗注射操作台及疫苗自动喷雾机器，并备足相应耗材。

（3）配备一台能够稳定提供 0.8 MPa 压力的空气压缩机（气泵），并在输出端与气泵水汽滤过器连接，然后和疫苗自动注射机器、喷雾机器的供气管线连接好。

（4）设一名专职的疫苗配制人员，同时培训好疫苗注射和喷雾免疫人员，使其熟练掌握自动免疫机器的使用及免疫方法。配制疫苗稀释液时首先轻轻晃动稀释液瓶混匀，然后抽吸稀释液，对瓶身和针头进行 2～3 次冲洗后注入稀释液瓶内，再轻轻晃动稀释液瓶或沿瓶的纵轴上下颠倒稀释液瓶混匀，使疫苗彻底混匀后即可进行注射。每瓶疫苗从液氮灌中取出到完全注入稀释液中的时间不应超过 120 s。

（二）普通冻干苗的稀释

（1）把冻干苗瓶小铝盖去掉，用酒精棉球消毒。

（2）待酒精蒸发后，用 10 mL 一次性注射器吸取稀释液 3～5 mL，将稀释液注入疫苗瓶内，然后轻轻摇动疫苗瓶至混悬液，再将混悬液抽至针筒内后，注入稀释液瓶内。

（3）再用稀释液冲洗疫苗瓶 2～3 次后注入稀释液瓶内，混合均匀后即可注射。

（三）灭活油苗的注射前准备

（1）在注射油苗的前 1 d，将疫苗从冷藏柜内取出，放于室温环境中预温。

（2）在油苗注射当天，轻轻摇匀油苗后，放置于 35 ℃的水浴中至少30 min，在水浴中放一个水温计以控制水温。

（3）在 30 min 后，将油苗从水浴中取出擦干，再次轻轻摇匀即可注射。

（四）疫苗的注射

（1）每次都选用新的一次性点滴管和针头进行注射。

（2）在手动状态下启动自动注射器，排空疫苗管线内的气泡至可以注射疫苗。

（3）调节进入自动操作档，并设定好累加计数器和批计数器。

（4）将装有未免疫雏鸡的雏鸡箱放在自动注射机器前方疫苗注射操作台上，免疫后雏鸡箱放在自动注射机器右下方疫苗注射操作台上。

（5）左手从装有未免疫雏鸡的雏鸡箱中抓起雏鸡转到右手，右手将雏鸡放在自动注射机器的注射斜面上使其仰卧，食指轻压雏鸡颈部，使其侧面接触注射触点，这样便出针完成一次免疫注射，然后松开手指，雏鸡沿着斜面滑入下面的雏鸡箱内。

（6）注射过程中，每 10～15 min 轻轻摇动疫苗瓶一次，以保证瓶内疫苗液体混合均匀，同时注意及时发现和更换有毛刺和头弯的针头，防止雏鸡受伤。

（7）疫苗注射结束后，对废弃的一次性注射器、一次性点滴管、针头及剩余的疫苗放在指定的容器内统一处理；对自动注射机器按要求进行清洗消毒后，将机器集中到疫苗室内统一收藏管理备用；清洗干净恒温水浴箱的内壁，然后打开排水阀门，将水排干净，下次用时重新添水。

（五）孵化场雏鸡的喷雾免疫

喷雾免疫就是应用一日龄喷雾机器，借助压力，将大量含有疫苗的雾滴喷洒到雏鸡的眼内、鼻内、口腔和泄殖腔内等皮肤黏膜、呼吸道黏膜、消化道黏膜，从而诱导机体产生黏膜抗体，起到局部免疫的作用，同时又能刺激机体产生循环抗体。该方法主要适用于孵化场雏鸡传染性支气管炎、新城疫等活毒单苗、双苗的喷雾免疫。

1. 喷雾免疫前的准备

（1）将一日龄喷雾免疫机放置在一个安全、静风、避光的地方固定好。

（2）根据雏鸡箱的外框尺寸调节喷雾免疫机左右限位轨道的位置，使雏鸡箱的中心与喷嘴的左右中心重合。

（3）调整喷雾免疫机后部限位板的位置，使雏鸡箱的中心与前后的中心重合，然后调节启动开关的位置。

（4）调整喷雾免疫机进气压力，将压力表上的指针调在 0.6 MPa 位置上。

（5）选择雾滴大小在 $100～200\ \mu m$；调整一次喷雾剂量在 7～8 mL；检查喷嘴喷雾的形状是否为 Λ 形。

（6）新安装的喷雾免疫机器要搞好机身的清洁卫生，然后将喷雾免疫机管线充满消毒酒精浸泡 30 min 后排干净，再用灭菌注射用水彻底冲净喷雾免疫机管线内的消毒酒精，并调试喷雾免疫机至能正常工作状态。

2. 疫苗的稀释

（1）根据免疫雏鸡数量稀释疫苗，每箱 100 只喷雾一次，需要时间 3～4 s，一次喷雾量 7～8 mL。一般一次稀释疫苗数量不要超过 20 000 羽份，需用水量约 1 600 mL，确保稀释后的疫苗能在 30 min 内喷完。

（2）因受免疫前管道排空气需要和免疫后管道残留的影响。每次需多配几百羽份的疫苗量。

（3）把冻干疫苗瓶小铝盖去掉，用酒精棉球消毒，待酒精蒸发后，用 60 mL 一次性注射器吸取灭菌注射用水，分别注入每个疫苗瓶内，然后轻轻摇动疫苗瓶至混悬液，将混悬液倒入装有少量灭菌注射用水的稀释液瓶内，再吸取灭菌注射用水分别注入疫苗瓶内冲洗 2～3 次，再将混悬液倒入稀释液瓶内。然后，往稀释液瓶内加灭菌注射用水至需要量，摇匀后即可喷雾。

3. 喷雾免疫操作

（1）3 个人一组，一人负责搬送雏鸡箱至喷雾机内，并启动喷雾开关开始喷雾（若雏鸡聚堆或伏卧，则应拨动雏鸡使其站立、散开）；另一人负责喷雾3～4 s 后从喷雾机内把雏鸡箱拉出，再进行下一箱雏鸡的喷雾免疫；一人负责盖雏鸡箱盖。如此循环直至全部免疫结束。

（2）喷雾结束后，卸下疫苗瓶，将管道内的疫苗清除，再用灭菌注射用水将管道内的疫苗冲净，然后管线内用消毒酒精充满浸泡至下次免疫。喷雾机用浸有季铵盐类消毒液的抹布将外表擦洗干净晾干后，用专用防尘罩遮盖备用。

（六）孵化场雏鸡免疫的注意事项

（1）每天定时检查储存疫苗的冰箱温度和液氮灌内液氮量，确保疫苗储存安全有效。

（2）配制疫苗前要对配制间应用紫外线消毒灯进行消毒，防止疫苗配制操作环节有微生物污染。

（3）疫苗稀释人员和疫苗注射人员在进行操作前必须洗净双手，并用酒精棉球进行消毒，用干纸巾擦干双手及设备，然后进行疫苗稀释和注射，严禁酒精与疫苗直接接触。

（4）稀释液如发生变色、混浊、有沉淀或絮状物的应废弃禁用，同时应对该批次稀释液停用或慎用，并做好记录。

（5）免疫后废弃的一次性注射器和点滴管、针头、疫苗稀释液瓶及剩余的疫苗应焚烧处理。废弃的玻璃疫苗瓶和剩余的活毒疫苗液应统一高温煮沸消毒或用 5%氢氧化钠溶液消毒处理。

（6）免疫结束后，要关闭空气压缩机等所有电源，打开空气压缩机和气泵水汽滤过器下端的排污阀门，排除污水后关闭排污阀门。

（7）刚喷雾免疫完的雏鸡不能直接出场，应待喷雾雏鸡身上羽毛完全晾干后方可出场。

五、雏鸡的包装与运输

随着市场经济的发展，鸡苗购销渠道的增多，销售范围的扩大，鸡苗的包装和运输环节也很重要，这关系到雏鸡到达养殖场后饲养的成活情况。雏鸡的运输是一项技术性强的细致工作，要求迅速、及时、安全、舒适到达目的地。

（1）雏鸡出壳后，注射马立克病疫苗，即可进行装箱运输。运输的原则是越早越好，最好是 8～12 h 运到育雏舍。如果是长途运输，最好在 24～36 h 完成，以便于及时开食和饮水，运输时间过长，对雏鸡的生长发育有较大影响。

（2）选择专用的优质雏鸡包装盒，四周及上盖要打有若干个直径为 2 cm 的通风孔，盒的长、宽、高尺寸合适，底部铺垫防滑纸垫，每格放 25 只，每盒装 100 只，这样既有利于保暖和通风，还可以避免雏鸡在盒内相互践踏和摇荡不安。

（3）运输途中，最适宜的温度是 25 ℃，运输过程中勿停车，随车人员最好自备方便食物在车内就餐。

（4）长途运输时，车内要有跟车人员守在雏鸡旁，时刻观察雏鸡的情况，避免热死、闷死、挤死、压死、冻死等情况发生。夏季运输时应选择空调车，冬季运输车厢底部铺保温毯，车厢内不能有贼风进入。

（5）雏鸡到达目的地后，应对车体消毒后再进入场内，卸车速度要快，动作要轻、稳，并注意防风、防寒。如果是种鸡，应根据品系将公、母鸡分别放入，做好标记，隔离饲养。打开盒盖，检查雏鸡状况，核实数量，填写运雏交接单。

第六章
固始鸡商品鸡饲养管理

第一节　固始鸡生态放养

固始鸡生性活泼好动、觅食能力强、耐粗饲、抗病力强，非常适合放养。与其他肉用型鸡相比，固始鸡生长速度慢、周期长，上市以活鸡消费为主，所以对羽色、羽毛发育、冠的发育等外貌要求较高。固始鸡经过多年的选育，这方面的性状已经表现优异，如果加上放养措施，随着接触自然光照和自由活动往往表现更好。放养鸡自由采食山林间昆虫、杂草，人工补充玉米、谷物，可以生产出天然无污染、无药物残留的优质土鸡。成品鸡风味独特、品质好、味道鲜美，是真正的绿色食品，深受消费者欢迎。产品价格高、效益好，其技术既是舍内养鸡的延伸，又有别于舍内饲养。

河南三高农牧股份有限公司推广的一种林地种草"别墅"养鸡模式，是一种新型林下种草低密度小群分散饲养模式，在林地分散建造小型"别墅"式鸡舍，并在林地种植优质牧草，实行轮牧放养。林地放养鸡可广泛利用自然饲料资源、节省饲料、降低成本，可以实现林、鸡、草、地四者和谐共生的生态循环。

一、林地规模化散养综合配套技术要点

（一）林地选择与鸡舍建造

林地要选择排水良好，地势高燥，背风向阳，林地树种最好为高大的落叶乔木，以便夏季遮阴避暑，冬季增加光照。要有搭建棚舍的地形条件，鸡舍应

修建在较为平坦的空地，鸡舍建造可采用彩钢瓦和保温板建设，鸡舍建筑面积20 m²，长 5 m、宽 4 m、高 2.5 m，并设门窗，舍内配置自动饮水和料桶。如果饲养时间长，还要为母鸡产蛋做准备，需要配备光照自动控制器和产蛋箱一个，地面铺设垫料。舍外配套修建 10 m² 沙浴池和 30 m² 的活动场地，沙浴池及活动场地四周设 2 m 高的金属围网。并对林地适当轮作优质牧草，供鸡食用。

（二）林地散养饲喂与管理

鸡群 6 周龄以前在育雏舍内育雏，脱温以后即可放入林地散养。先可放入舍内圈养适应 1 周，待鸡群熟悉环境后再逐渐放到林地散养。林地散养鸡的活动范围大，因此对营养成分的需要量同笼养相比相对较高，需要定时定量饲喂，36～60 日龄喂大鸡前期全价料，同时添喂 10％～40％谷、麦、糠麸类饲料，添加比例随日龄逐步增加；60 日龄以上，早晚各喂 1 次大鸡全价料，同时添喂 40％～80％谷、麦、糠麸类饲料，比例随日龄增加；100 日龄后，全部喂谷、麦、糠麸类饲料。饲料中禁止添加各种违禁药品，同时提供充足清洁的饮水。

（三）鸡只散养时间与季节的选择

放养的最佳时期选择 4 月初至 10 月底，这期间林地杂草丛生，虫、蚁等昆虫繁衍旺盛，鸡群可采食到充足的生态饲料。其他月份则采取舍饲为主、放牧为辅的饲养方式。放牧的时间根据季节和气候而定。有条件的林地要根据鸡的不同大小，划定养殖区域，进行分区轮牧，既可使鸡得到充足的天然食物，又可有效地保护林地内资源，使林地得到可持续利用。饲养时间为 140～150 d，平均体重可达 1.6 kg。

（四）散养密度和群体大小

林地放养鸡时，鸡群的饲养密度和群体大小需根据林地面积和房舍面积综合考虑来确定。一般每 667 m² 林地可配置一个 20 m² 的鸡舍，一个鸡舍可饲养 120 只鸡。

（五）散养期间的疾病防治

林地养鸡的环境是开放性的，鸡只活动范围广，疾病防治难度大，不容易控制，因此做好科学免疫、驱虫、消毒和防控工作尤其重要。一般林地养鸡对1日龄的鸡要皮下注射马立克病疫苗，4日龄传染性支气管炎H120疫苗滴鼻，8日龄和30日龄新城疫Ⅳ系疫苗滴鼻，12日龄和25日龄法氏囊病疫苗滴鼻，35日龄鸡痘疫苗皮下刺种，50日龄传染性支气管炎H52疫苗2倍量饮水，60日龄新城疫Ⅰ系疫苗肌内注射，90日龄鸡大肠杆菌病疫苗肌内注射，留做产蛋的鸡群在120日龄时，还要肌内注射新城疫、传染性支气管炎、产蛋下降综合征三联灭活苗。鸡群每隔1～1.5个月用左旋咪唑或丙硫咪唑驱虫1次。驱虫方法可在晚上把药片研成粉料，先用少量饲料拌匀，然后再与全部饲料拌匀进行喂饲。第2天早晨要检查鸡粪，看是否有虫体排出。如发现鸡粪里有成虫，次日晚上补饲时可以同等药量驱虫1次。鸡舍每周清扫1次，每2周带鸡消毒1次。

二、林地规模化放养需要注意的问题

（1）林地养鸡实行全进全出制，以方便管理和减少疾病传播。每批鸡出售后对场地彻底消毒。对清理的鸡粪集中进行无害化处理。

（2）林地放养鸡只时，如果多次重复使用场地容易造成鸡只发生球虫病，应彻底清除上一牧区的鸡粪，并用抗毒威喷洒或石灰乳泼洒消毒，对鸡群定期驱虫。

（3）平时多加注意和观察鸡群状况，详细记录鸡群的采食、饮水、精神、粪便、睡态等状况，发现病情及时隔离和治疗，对受威胁的鸡群进行预防性投服药物。

（4）注意天气变化，灵活调整放养时间，遇到天气突变应及时将鸡群赶回鸡舍，防止鸡受寒发病。为使鸡群定时归巢和方便补料，应配合训练口令，如吹口哨、敲料桶等进行归牧调教。

（5）注意防范野兽侵害鸡群。

第二节　固始鸡平养肉用新品种管理要点

肉鸡地面平养是饲养肉仔鸡较普遍的一种方式，适用于中小型肉用仔鸡饲养场和养鸡专业户。地面平养即是地面加垫料的饲养方式，在一个水平面上采食、饮水、自由活动。平养设备主要有自动给料系统、自动饮水系统以及分隔

鸡群的隔网等。

鸡舍一般设计成长方形，要求东西走向，以尽量减少阳光对舍内的照射。一般可建成长 80 m、宽 12 m、高 4 m 的鸡舍。

一、地面平养的优缺点

1. 优点　垫料与粪便结合发酵产生热量，可增加室温；垫料中微生物的活动可以产生维生素 B_{12}，肉鸡活动时扒翻垫料，从中摄取；设备简单，节约劳力，肉仔鸡胸囊肿的发生率低，残次品少。

2. 缺点　鸡只直接接触鸡粪及饮水污染过的垫料，容易感染由粪便传播的各种疾病，舍内灰尘也较多，容易发生慢性呼吸道病、大肠杆菌病和球虫病，难以控制，药品和垫料费用大，鸡只占地面积大。

二、平养鸡的日常管理

肉用仔鸡的日常管理是一项辛苦而细致的工作，需要持之以恒，工作中主要注意以下问题。

1. 垫料的选择　垫料的种类很多，总的要求是干燥清洁，吸湿性好，无毒，无刺激，无霉变，质地柔软。常用的垫料有稻壳、铡碎的稻草及干杂草、干树叶、秸秆碎段、细沙、锯末、刨花及碎纸等。其次是垫料的管理与清粪。铺垫料时要均匀，避免高低不平。实行厚垫料平养时，要加强饮水的管理，避免水外溢弄湿垫料。夏季高温季节可以用细沙作为垫料平养育肥鸡，其好处是有利于防暑降温。一批鸡出栏后粪便与垫料一起清出舍外，并运到远离鸡舍的地方处理，不可用上一批垫料养下一批鸡。

2. 合理分群、及时调整日粮结构　饲养管理人员应随时进行肉用仔鸡的强弱分群和大小分群，加强喂饮管理，注意保持环境安静，防止鸡群产生任何应激反应。在饲养后期，及时提高日粮的能量水平，可在饲料中适当添加植物油等。

3. 公、母鸡适时分群饲养　公、母鸡分群饲养具有很多优点，随着我国肉鸡生产的发展和大规模机械化养鸡场的兴建，公、母鸡分养方式将逐渐替代混养。

4. 适时增加维生素和微量元素　雏鸡一般在 1～4 日龄饮水中加入速补，以增强体质；在 7～10 日龄、14～16 日龄和 25～30 日龄接种疫苗期间，饲料中可以添加多种维生素和微量元素以防应激。

5. 注意饲料的过渡 由于肉用仔鸡随着日龄的增长，对日粮营养要求不同，饲养期内要更换 2～3 次饲料，为了减少应激，更换饲料时要注意饲料的过渡，不能突然改变。过渡期一般为 3 d，具体方法是：第 1 天日粮由 2/3 过渡前料和 1/3 过渡后料组成；第 2 天由 1/2 过渡前料和 1/2 过渡后料组成；第 3 天由 1/3 过渡前料和 2/3 过渡后料组成；第 4 天起改为过渡后料。

6. 适时断喙 肉用仔鸡断喙的主要目的是防止啄癖和减少饲料浪费。肉用仔鸡啄癖包括啄肛、啄羽、啄尾、啄趾等。引起啄癖的因素较多，如温度高、光线强、饲养密度大、通风差、日粮中缺少食盐及营养不足等。肉用仔鸡啄癖发生率比蛋鸡小得多，主要采用改善环境条件、平衡日粮营养等措施来预防，肉用仔鸡在较弱的光照度下饲养可以不实施断喙。肉用仔鸡的断喙时间一般在 7～8 日龄。具体要求是：断喙器的刀片要快，刀片预热烧红呈樱桃红色，上喙断去 1/3～1/2（喙端至鼻孔为全长），下喙断去 1/3。断喙不宜过度，要烫平、止血，断喙期间在饮水或饲料中加入抗应激药物，同时适当提高舍温，以减少应激。

7. 做好卫生、防疫和消毒工作 良好的卫生环境、严格的消毒、按期接种疫苗是养好肉用仔鸡的关键一环。对于每个养鸡场（户），都必须保证鸡舍内外卫生状况良好，对鸡群、用具、场区严加消毒，认真执行防疫制度，做好预防性投药、按期接种疫苗，确保鸡群健康生长。

（1）环境卫生 包括舍内卫生、场区卫生等。舍内垫料不宜过脏、过湿，灰尘不宜过多，用具安置应有序不乱，经常杀灭舍内外蚊、蝇。对场区要铲除杂草，不能乱放死鸡、垃圾等，保持良好的卫生状况。

（2）消毒 场区门口和鸡舍门口要设有氢氧化钠溶液消毒池，并经常保持氢氧化钠溶液的有效浓度，进出场区或鸡舍要脚踩消毒池，杀灭由鞋底带来的病菌。饲养管理人员要穿工作服进鸡舍工作，同时保证工作服干净。鸡场（舍）应限制外人参观，更不准运鸡车进入生产区。饲养用具应固定鸡舍使用，饮水器每天进行洗刷消毒，然后用水冲洗干净，对其他用具每 5 d 进行 1 次喷雾消毒。

（3）疫苗接种 根据当地疫病流行情况，按免疫程序要求及时接种各类疫苗。肉用仔鸡接种疫苗的方法主要有滴鼻点眼法、气雾法、饮水法和肌内或皮下注射法等。

8. 测重　每周末早晨空腹随机抽测 5%，并做好记录，掌握鸡群的个体发育情况，与标准相对照，分析原因，肯定成绩，找出不足，以便指导生产。

9. 减少应激　应激是指一切异常的环境刺激所引起的机体紧张状态，主要是由管理不良和环境不利造成的。管理不良因素包括转群、测重、疫苗接种、更换饲料、饲料和饮水不足、断喙等。环境不利因素有噪声、舍内有害气体含量过多、温度和湿度过高或过低、垫料潮湿过脏、鸡舍及气候变化、饲养人员变更等。以上不利因素，在生产中要加以克服，改善鸡舍条件，加强饲养管理，使鸡舍小气候保持良好状况。提高饲养人员的整体素质，制定一套完善合理、适合本场实际的管理制度，并严格执行。如遇有不利因素影响时，则可将日粮中多种维生素含量增加 10%～50%，同时加入土霉素等。

10. 死鸡处理　在观察鸡群过程中，发现病鸡和死鸡及时拣出，对病鸡进行隔离饲养或淘汰，对死鸡要进行焚烧或深埋，不能把死鸡存放在鸡舍内、饲料间和鸡舍周围。拣完病死鸡后，工作人员要用消毒液洗手。

11. 观察鸡群　认真细致地观察鸡群，及时准确地掌握鸡群状况，以便及时发现问题、解决问题，确保生产正常运行。作为养鸡技术人员和饲养人员都必须养成"脑勤、眼勤、腿勤、手勤、嘴勤"的工作习惯，这样才能观察管理好鸡群。

（1）饮水的观察　检查饮水是否干净，有无污染，饮水器或槽是否清洁，水流是否适宜，有无不出水或水流过大而外溢的现象，看鸡的饮水量是否适当，防止不足或过量。

（2）采食的观察　饲养肉用仔鸡，实行自由采食，其采食量应是逐日递增的，如发现异常变化，应及时分析原因，找出解决的办法。在正常情况下，添料时健康鸡争先抢食，而病鸡则呆立一旁。

（3）精神状态的观察　健康鸡眼睛明亮有神，精神饱满，活泼好动，羽毛整洁，尾翘立，冠红，爪光亮；病鸡则表现冠发紫或苍白，眼睛混浊、无神，精神不振，呆立在鸡舍一角，低头垂翅，羽毛蓬乱，不愿活动。

（4）啄癖的观察　若发现鸡群中有啄肛、啄趾、啄羽、啄尾等啄癖现象，应及时查找原因，采取有效措施。

（5）粪便的观察　一般在刚清完粪时好观察，经验丰富的人可以随时观察。主要观察鸡粪的形状、颜色、干稀、有无寄生虫等，以此确定鸡群健康与否。如雏鸡有拉白色稀便并有糊尾股症状，则可疑为鸡白痢；血便可疑为球虫病；绿色粪便可疑为鸡伤寒、禽霍乱等；稀便可疑为消化不良、大肠杆菌病等。发现异常情况要及时诊治。

（6）听呼吸　一般在夜深人静时听鸡群的呼吸声音，以此辨别鸡群是否患病。异常的声音有咳嗽、哕音、甩鼻等。

（7）计算死亡率　正常情况下第 1 周死亡率不超过 3％，以后平均每日死亡率在 0.05％左右。发现死亡率突然增加，要及时进行剖检，查明原因，以便及时治疗。

12. 减少胸囊肿、足垫炎　肉用仔鸡胸部囊肿、足垫炎和外伤会严重影响其整体品质和等级，给养鸡场（户）造成一定的经济损失。其原因是：肉用仔鸡采食量多、生长快、体重大、长期伏卧，厚垫料平养时胸部与不良潮湿垫料摩擦，笼养时笼底结构不合理等，使胸部受到刺激，引起滑液囊炎而形成胸部囊肿。

13. 节约饲料　肉用仔鸡饲养成本中饲料成本占 70％～80％，为降低养鸡成本，提高经济效益，做好节约饲料工作具有重要意义。节约饲料的主要途径有：①提高饲料的质量；②合理保管饲料；③科学配制日粮；④加强日常饲养管理。据调查统计，饲料因饲槽不合理浪费 2％；因每次添料过满浪费 4％；流失及鼠耗 1％；疫病死亡损失 3％～5％。对于这些损失，只要在日常工作中细心对待是可以克服的。

14. 正确抓鸡、运鸡，减少外伤数据统计　肉用仔鸡等级下降的原因除其胸部囊肿外，另一个就是创伤，而且这些创伤多数是在出售鸡时抓鸡、装笼、装卸车过程中发生的。为减少外伤出现，肉用仔鸡出栏时应注意以下几个问题。

（1）在抓鸡之前组织好人员，并讲清抓鸡、装笼、装卸车等有关注意事项，使他们心中有数。

（2）对鸡笼要经常检修，鸡笼不能有尖锐棱角，笼口要平滑，没有修好的鸡笼不能使用。

（3）在抓鸡之前，把一些养鸡设备如饮水器、饲槽或料桶等拿出舍外，注意关闭供水系统。

（4）关闭大多数电灯，使舍内光线变暗，在抓鸡过程中要启动风机。

（5）用隔板把舍内鸡隔成几群，方便抓鸡，防止鸡群挤堆窒息而死亡。

（6）抓鸡时间最好安排在凌晨进行，这时鸡群不太活跃，而且气候比较凉爽，尤其是夏季高温季节。

（7）抓鸡时要抓鸡腿，不要抓鸡翅膀和其他部位，每只手抓 3～4 只，不宜过多。入笼时要十分小心，鸡要装正，头朝上，避免扔鸡、踢鸡等动作。每个笼装鸡数量不宜过多，尤其是夏季，防止鸡只闷死、压死。

（8）装车时注意不要压着鸡头部和爪等，冬季运输上层和前面要用帆布盖上，夏季运输途中尽量不停车。

15. 适时出栏　根据目前肉用仔鸡的生长特点，一般母鸡 110～120 日龄出售，体重可达到 1.4～1.5 kg，公鸡 110～120 日龄出售，体重可达到 1.8～1.9 kg；在卖鸡的前一周，要掌握市场行情，抓住有利时机，集中一天将同一房舍内肉用仔鸡出售结束，切不可零售。

第三节　固始鸡笼养蛋用新品种管理要点

根据蛋鸡生长发育的特点和规律可将蛋鸡饲养划分为不同的饲养管理阶段。要想使蛋鸡的高产性能充分发挥，以获取最佳的饲养效益，除品种因素外，关键在于熟悉并掌握蛋鸡在不同生长阶段的需求和饲养管理技术要点。

一、阶段划分

产蛋鸡总体上可分为育雏、育成和产蛋三大阶段。

1. 育雏阶段　现代蛋鸡饲养多倾向将 0～8 周龄视为育雏阶段。有试验表明 8 周育雏比 6 周育雏更有利于后备蛋鸡的培育和产蛋潜能的发挥。

2. 育成阶段　是指育雏完成后到开产前，即 9～20 周龄。育成阶段又可细分为育成前期 9～12 周龄，育成后期 13～18 周龄，产蛋前过渡期 19～20 周龄三部分。

3. 产蛋阶段　指由产蛋率 5% 到淘汰，一般为 21～72 周龄。产蛋阶段又可细分为产蛋前期，即 21～42 周龄；产蛋中期，即 43～60 周龄；产蛋后期，即 61～72 周龄。

二、育雏阶段的饲养管理要点（0～8 周龄）

养鸡成败的关键在于育雏，育雏的好坏直接影响着雏鸡的生长发育、成活率、鸡群的整齐度、成年鸡的抗病力及产蛋量、产蛋高峰持续时间的长短，乃至整个养鸡产业的经济效益。因此，搞好雏鸡的饲养管理十分重要。

（一）育雏前的准备

在进雏前必须有计划地做好育雏舍的清扫、冲刷、熏蒸消毒等工作，检查供暖保温设施设备，备好饲料及常用药品、器具等。要将育雏舍彻底打扫干净，把料槽、水槽等用具清洗干净，并进行严格的消毒。如果是地面平养育雏，在进鸡前一周还要将垫料在阳光下暴晒，进行自然消毒。在进雏前要对育雏舍提前生火预温，尤其是在晚秋、冬季、早春，一定要提前 3 d 生火，让墙壁、地面、设施都热透，这样舍内的温度才比较平稳，容易控制。

（二）提供适合于雏鸡生长发育的舍内环境

温度是育雏成败的关键因素之一，提供适宜的温度可以有效提高雏鸡成活率。由于雏鸡体温调节机能不完善，雏鸡对温度十分敏感，温度过低，雏鸡易扎群，容易挤压而死亡；温度过高，雏鸡体内水分易蒸发，造成雏鸡脱水，影响雏鸡的生长。一般要求第 1 周雏鸡舍为 32～35 ℃，以后每周下降 2～3 ℃，降温幅度不能过大，降到 18～20 ℃时脱温。湿度过高、过低都不利于雏鸡的生长发育。湿度一般 1～10 日龄为 65％～70％，10 日龄后保持在 55％～65％。

（三）饮水与开食

在雏鸡开食前要先饮水，间隔 1 h 后再给料。1 周龄内饮水中添加 5％葡萄糖＋电解多维、开食补液盐等，其功能主要是保健、抗应激，并有利于胎粪排泄。1 周龄后可饮用自来水，雏鸡对水的需求远远超过饲料，应保证不断供水和水质的清洁卫生，过夜水应及时更换，每天将饮水器用高锰酸钾溶液消毒1 次。雏鸡一般在孵出后 24～26 h 开食，用小鸡专用开食料饲喂，3 日龄后逐渐换为配合饲料。饲喂次数，开食第 1 周应少量勤添，以免引起消化不良和造成饲料浪费，一般 1～45 日龄每天饲喂 5～6 次；46 日龄以后饲喂 3～4 次。每次不宜饲喂得过饱，要少添勤喂，以饲喂八成饱为宜。饲喂时要随时注意饲料的消耗变化，饲料消耗过多或过少，都是雏鸡患病的先兆。

（四）合理的光照

光照能够提高鸡的新陈代谢，增进食欲，使红细胞血红素含量增加；使鸡皮肤里 7-脱氢胆固醇转变成维生素 D_3，促进机体内钙磷代谢。实践证明，光照的时间长短与强弱，光照的颜色与波长，光照刺激的起止时间，黑暗期是否连续与间断，都会对鸡的活动、采食、饮水、身体发育、性发育产生重要影响。一般第 1 周采用全天 24 h 光照，第 2 周 19 h 光照，自第 3 周开始，密闭式鸡舍可每天 8 h 光照。光照度具体应用时，每 15 m^2 鸡舍在第 1 周时用 1 个 40 W 灯泡悬挂于离地面 2 m 高的位置，第 2 周开始换用 25 W 的灯泡即可。

（五）通风换气

雏鸡新陈代谢旺盛，单位体重所需的新鲜空气和呼出的二氧化碳及水蒸气量多，鸡粪中还不停地释放出氨气。不良的舍内环境因素，将给鸡只带来应激，影响鸡只的正常活动，影响机体的生长发育，降低机体免疫功能，增加机体疾病感染几率，使鸡生长发育不同程度地受阻。所以育雏室应特别注意通风换气。育雏室通风换气与保温是一对矛盾，解决这一矛盾的有效办法就是：早春、晚秋和冬季，由于空气寒冷而又缺乏通风设备时，可在鸡吃料时进行，由于鸡群正在吃料，处于活动状态中，这时舍温下降 2～4 ℃对鸡体基本无妨碍，但是要避免直面风吹。等待鸡群吃完料，鸡群中有 2/3 数量的鸡开始或正在饮水时，再关闭窗户。严禁鸡休息时开窗通风，鸡容易发生感冒，或者因此诱发呼吸道疾病。要解决好通风和保温的矛盾，最好的办法是在房顶设置天窗，或者在房檐下高窗部位安装换气扇。

（六）合理调整饲养密度

饲养密度直接影响雏鸡的生长发育，特别是雏鸡的整齐度。密度过大，鸡的活动范围小，鸡群挤压，采食不均匀，使雏鸡发育不整齐，大小不一；密度过小，造成鸡舍和设备的浪费，不保温，经济效益低。一般以每平方米饲养 1～7 日龄的雏鸡 20 只左右为宜。以后随着日龄的增大，逐渐减少饲养数量。调整时应将弱小的雏鸡单独饲养，使其逐渐跟上大群水平。

（七）断喙

断喙是蛋鸡饲养过程中不可缺少的一项工作，在饲养过程中，雏鸡经常发生啄癖现象。断喙是防止鸡发生啄癖的最有效措施，而且能防止浪费饲料。断喙最好在 7～9 日龄进行，断喙前后 3 d 应在饲料中加 2 mg 维生素 K，可减少应激反应。断喙后，如有流血的鸡，应及时补烙，直至全部止血为止。断喙后要保证水料的充足，并加强鸡舍的通风力度，让断喙鸡只能够充足呼吸到新鲜空气，增强心肺功能。

（八）制定合理的防疫制度，做好防疫和驱虫

根据雏鸡的品种、育雏季节以及当地疫病的流行特点制定适合本场的防疫程序。需要注意的是，驱虫药和疫苗一定要用可靠厂家生产的，并按要求进行运输和保存，按使用说明进行使用。

（九）保持环境安静，做好卫生和消毒

雏鸡非常胆小怯弱，对周围环境的微小变化都非常敏感。外界的任何干扰都会对雏鸡产生严重的惊群，致使雏鸡互相挤压而引起死亡。因此，育雏室要注意保持环境安静，防止猫、犬等进入惊扰；谢绝外来人员参观。做好育雏舍内外及育雏用具卫生和消毒，并要使用两种或两种以上消毒液交叉消毒。

（十）加强巡栏

饲养员要经常检查雏鸡采食、饮水情况，通过观察雏鸡的精神状态，挑出弱雏、病雏。每天早上应观察鸡粪，正常应为灰白色，上面有一层白色尿酸盐，稠稀适中，呈卷曲状。如发现粪便不正常，应及时采取有效措施。

三、育成阶段的饲养管理要点（9～20 周龄）

（一）育成鸡的生长发育特点

育成前期是骨骼、肌肉、内脏生长的关键时期，随着采食量的不断增加，鸡体本身对钙质沉淀、积累能力有所提高，在 11～12 周龄就完成了骨骼生长

的 95%，而前期的体重决定成年后鸡的骨骼和体型的大小；到了育成后期，是腹腔脂肪增长发育的重要时期，这期间腹脂增长 9.5 倍，如果体内脂肪沉积过多，将直接影响蛋鸡的产蛋性能。蛋鸡的生殖系统从 12 周龄开始缓慢发育，18 周龄时则迅速发育。

（二）育成鸡的饲养管理重点

如果育雏阶段的关键在于控制舍温、保证饲料质量和雏鸡体质健壮，那么育成阶段的关键在于控制好体重（体成熟）和性成熟。

蛋鸡育成期的培育目标是培育出具备高产能力和有维持长久高产体力的青年母鸡群。为达到这个目标，要求培育出的青年母鸡应具备以下特征：体重的增长符合标准，具有强健的体质，能适时开产，并具备维持持续高产的体力，且具有较强的抗病能力，保证鸡群能安全渡过产蛋期。

1. 关注鸡群体成熟　体重是鸡群发挥良好生产性能的基础，是鸡群体成熟的重要依据，能够客观地反应鸡群的发育状况。如果鸡群体重达标整齐，骨骼发育良好，并且能够与性成熟同步，则鸡群开产整齐，产蛋高峰高，产蛋高峰期维持时间长。

（1）体重管理　育成期每周按照鸡群 5%～10% 比例抽测体重（群体小时可普测体重），随时关注鸡群体重增长情况，判断是否达到体成熟。体成熟判定以品种的标准体重为依据，在实际生产中 17～18 周龄体重在标准体重的 ±10% 范围内，即可认为鸡群达到体成熟。

（2）均匀度管理　均匀度指平均体重 ±10% 以内的鸡只数占总称重鸡只数的百分比，是体现体重控制的一个重要指标。高产鸡群的均匀度一般应在85% 以上。

2. 控制鸡群性成熟　性成熟是指鸡生长发育到一定阶段，生殖器官和副性征的发育已经基本完成，具备了生殖能力。可以根据体重情况对光照及饲料进行控制，确保体成熟与性成熟的同步。

3. 育成鸡的限制饲养　育成后期应采取限制饲养，特别是对中型蛋鸡，目的是防止育成鸡在 12 周龄之后体内沉积过多脂肪，影响产蛋能力的发挥。调整日粮营养水平：正常情况下防止体重超标，可采取限制饲养使日粮粗蛋白水平不超过 14%，或者限量饲养对其采食总量加以限制。一般情况下，饲喂量维持在鸡熄灯前能吃尽就可以。如果体重偏低则要提高日粮营养水平，增加饲喂量，保证上笼体重在正常值范围内。饲喂量和饲料的营养水平要根据每周称测的体重情况来调整。

4. 加强疫病防治

（1）免疫管理　蛋鸡育成期的免疫接种较多，要根据当地的流行病制定免疫程序，选择质量过关的疫苗和适宜的接种方法。免疫时要减少鸡群的应激，免疫后注意观察鸡群情况并在免疫 14 d 后检测抗体滴度，确保达标。一般新城疫抗体血凝平板凝集试验不低于 7，禽流感 H5 株、H4 株不低于 6，H9 株不低于 7，各种抗体的离散度均在 4 以内。

（2）日常消毒　日常消毒时要内外环境兼顾，舍内消毒每天 1 次，舍外消毒每天 2 次，消毒前注意环境的清扫以保证消毒效果。消毒药严格按照配比浓度配制，并定期更换消毒药。

（3）疫病防控　每天要认真观察鸡群，发现病弱鸡及时隔离，并尽快查找原因，决定是否进行全群治疗，避免疾病在鸡群中蔓延。选药时，要用敏感性强、高效、低毒、经济的药物。

5. 加强环境控制

（1）温度控制　鸡舍适宜温度在 18～22 ℃，冬季不能低于 13 ℃，夏季最好不要高于 35 ℃。冬春季节，机械通风鸡舍为了保证舍内温度及空气质量，可以采取瞬间通风的方式，在舍内空气质量好转后，及时关闭风机。

（2）湿度控制　育成鸡对环境湿度不十分敏感，湿度在 40%～70% 范围内都能适应，但地面平养时应尽量保持地面干燥。育成鸡舍在温度不过低的情况下，应该加大通风换气量，尽可能地减少舍内的氨气含量和尘埃。即使在冬季，也应设法保持舍内的空气新鲜。

（3）密度控制　适时分群，保持适当的饲养密度。育成期是体重增长最快的阶段，调整好饲养密度有益于群体生长发育和整齐度，并可减少疾病发生。育成前期每平方米饲养 12～15 只，育成后期每平方米饲养 8～10 只。

（4）通风控制　通风能有效排除舍内氨气、硫化氢等有毒有害气体，同时减少舍内的绒毛及粉尘，控制呼吸道疾病的发生。通风时，使气流能均匀通过全舍，减少气流死角或贼风出现；另外，根据天气情况随时调节进风口的方位和大小，使进入舍内的气流自上而下，不可直接吹到鸡体，避免诱发疾病。

6. 严格控制光照时间　后备母鸡进入 13 周龄后无论是体型外貌或生殖生

理都在发生明显变化，主要表现为性腺开始活动、卵巢机能明显发育、骨骼生长发育速度加快，是后备蛋鸡培育的又一关键时期。为避免因性早熟而影响产蛋性能，必须严格控制光照时间在 10 h 以内。18 周龄以前光照时间只能缩短，不可延长。

7. 调整鸡群　在蛋鸡群开产前应把弱小蛋鸡单独提出饲喂，以使蛋鸡群均匀整齐，并对弱小蛋鸡特别照顾。此时应根据情况适时补断喙 1 次。

8. 防止推迟开产　实际生产中，5—7 月培育的雏鸡容易出现开产推迟的现象，主要原因是雏鸡在夏季期间采食量不足，体重落后标准。在培育过程中，育雏期间夜间适当开灯补饲，使鸡的体重接近于标准；在体重没有达到标准之前持续用营养水平较高的育雏料；适当地提高育成后期饲料的营养水平，使育成鸡 17 周后的体重略高于标准；在 18 周龄时开始增加光照时间。

9. 驱虫　上笼前一般在 17 周龄内进行一次体内驱虫工作，可选用左旋咪唑作为驱虫药物，根据后备蛋鸡的数量、平均每只体重来确定用药量。将药片碾碎后拌入后备鸡一天的料量中任其自由采食。喂前将料清干净并停料数小时，使鸡处于饥饿状态效果更佳。

10. 产前过渡期（19～20 周龄）　后备蛋鸡经过 18 周的精心培育，骨骼生长已经完成，卵巢等生殖系统的发育也较为充分，并已转入产蛋鸡舍，此时可供给产蛋期日粮，将育成阶段 0.9% 左右的低钙水平提高到 2.0%～2.5%。经过 2 周的过渡准备为产蛋期贮备足够的营养物质，使后备蛋鸡快速、整齐地进入产蛋高峰。

过渡期后备蛋鸡面临着鸡舍环境、日粮构成、饲养人员、饲养方式以及生理等诸多因素变化的应激，在管理上必须注意保持鸡舍环境的安静和卫生，工作人员动作要轻，尽量减少各种外界刺激，饮水中加入维生素 C、电解多维等抗应激药物。进入产前过渡期后可逐渐增加光照时间，但不能过快，过渡期每天延长 10 min 即可。

（三）蛋鸡育成期饲养误区与纠正

1. 不重视后备母鸡特定的生长规律　在实际的饲养过程中，应抓住重点，使后备母鸡的开产体重、骨骼发育、性成熟时间这三个决定日后母鸡产蛋成绩的重要技术指标同步。

在育成后期，饲料中的能量不应过高，冬季鸡群食欲好时，要注意适当控制喂料量。从 16 周龄之后，就应注意供给营养平衡的蛋白质，让小母鸡的卵巢能顺利发育，适时开产。对发育后期在夏季的鸡群特别需要注意，因为夏季耗料少，体重增长和卵巢发育受影响，进而使小母鸡开产推迟。

2. **不重视育成期母鸡体重变化** 育成鸡 17～18 周龄的体重低于标准体重，母鸡无产蛋高峰，产蛋高峰维持时间短，蛋重小。

育成期由于受转群和免疫等影响，鸡群采食量减少，增重停止或减慢。可适当提高日粮营养浓度，每天增加饲喂和匀料次数，刺激鸡群采食，增加采食量，确保体重的增长。

3. **不重视育成期母鸡骨骼发育指标比体重指标更关键** 育成期的母鸡体重是充分发挥遗传潜力、提高生产性能的先决条件，同时为高产储备能量；育成期的母鸡体重还可直接影响母鸡的开产日龄、产蛋量、蛋重及产蛋高峰维持期；而母鸡的骨骼发育情况的优劣对蛋鸡产蛋期的产蛋成绩也呈正相关。育成期的母鸡的跖骨长度的大小与母鸡开产后的产蛋成绩呈正相关。因此，育成期的母鸡跖骨长度的大小对于日后母鸡产蛋成绩的影响程度大于育成期的母鸡体重对于日后母鸡的产蛋成绩的影响程度。

在育成期一定要高度重视母鸡的骨骼发育情况。对不达标的鸡群要及时进行调整。对体重均匀度不达标的鸡群，先将整个鸡群分为大、中、小三个饲养小区，如 A、B、C 三个饲养小区，体重大的饲养小区即 A 饲养小区，饲喂"低能量中蛋白"日粮；体重小的饲养小区即 C 饲养小区，饲喂"高能量中蛋白"的日粮；体重中等的饲养小区即 B 饲养小区，饲喂"正常"日粮。仔细观察鸡群，随时将 A 饲养小区的个体小的母鸡转至 B 饲养小区；将 C 饲养小区个体大的母鸡转至 B 饲养小区；将 B 饲养小区个体大的母鸡转至 A 饲养小区；将 B 饲养小区个体小的母鸡转至 C 饲养小区。经过一定时间适时调整，育成期鸡群的体重均匀度就会明显提高。

跖骨长度均匀度的调整必须在 14 周龄之前，重点调整跖骨长度小的母鸡。可降低饲养密度，增加日粮中钙、磷、维生素 D 的浓度。如有条件，增加户外运动，满足料位和水位，加强通风，保证鸡舍内的空气质量。

4. **不重视后备母鸡的均匀度** 后备母鸡的均匀度是指体重和跖骨长度两个方面，对于日后母鸡的产蛋高峰的大小、产蛋高峰的持续时间、蛋重、饲料利用率均有重要影响。育成期母鸡无论是体重均匀度或跖骨长度均匀度，每提高 1%，均可使每只母鸡在一个产蛋周期内平均增加 4 个鸡蛋。

后备母鸡的体重均匀度的具体要求是：10 周龄时≥70％，15 周龄时≥75％，鸡群的体重平均数与标准体重的差异≤5％。后备母鸡的跖骨长度均匀度具体要求是：7 周龄时≥75％，10 周龄时≥80％，13 周龄时≥90％，14 周龄时≥95％。

（四）蛋鸡开产前的准备工作

开产前数周是母鸡从生长期进入产蛋期的过渡阶段。此阶段不仅要进行转群上笼、选留淘汰、免疫接种、饲料更换和增加光照等一系列工作，给鸡造成极大应激，而且这段时间母鸡生理变化剧烈，敏感，适应力较弱，抗病力较差，如果饲养管理不当，极易影响产蛋性能。蛋鸡开产前的饲养管理应注意如下几个方面。

1. 做好转群上笼的准备工作 鸡舍和设备对产蛋鸡的健康和生产有较大影响。转群上笼前要检修鸡舍及设备，认真检查喂料系统、饮水系统、供电照明系统、通风换气系统、排水系统和笼具、笼架等设备，如有异常应及时维修；对鸡舍和设备进行全面清洁消毒，其步骤是清扫干净鸡舍地面、屋顶、墙壁上的粪便、灰尘和设备上的污物，再用高压水冲洗干净鸡舍和设备，待干后喷洒消毒药液进行消毒，同时也要对所用的物品进行消毒。另外，要准备好所需的用具、药品、器械、记录表格和饲料，安排好饲喂人员。

2. 转群上笼

（1）入笼日龄 现代高产杂交配套蛋鸡一般在 17 周左右见蛋，因此必须在 16～17 周龄前上笼，让新母鸡在开产前有一段时间熟悉和适应环境，形成和睦的群序，并有充足时间进行免疫接种和其他工作。如果上笼过晚，会推迟开产时间，影响产蛋率上升。已开产的母鸡由于受到转群等强烈应激也可能停产，甚至有的鸡会造成卵黄性腹膜炎，增加死淘数。

（2）选留淘汰 现代高产杂交配套鸡，要求生长发育良好，均匀整齐，如果参差不齐，会严重影响生产性能。入笼时要按品种要求剔除体型过小、瘦弱鸡和无饲养价值的残鸡，选留精神活泼、体质健壮、体重适宜的优质鸡。

（3）分类入笼 即使育雏育成期饲养管理良好，由于遗传和饲养管理等因素，鸡群中仍会有一些较小鸡和较大鸡，如果都淘汰，势必增加成本，蛋鸡舍内笼位不能充分利用。所以上笼时把较小的和较大的鸡留下来，分别装在不同的笼内，采取特殊措施加强管理，促使其均匀整齐。例如，小鸡装在温度较高、阳光充足的南侧中层笼内，适当增加营养，促进其生长发育；过大鸡则应适当限饲。按鸡笼容纳的鸡数，每个单笼一次入够数量，避免先入笼的欺负后入笼的鸡。

3. 免疫接种　开产前要进行免疫接种，这次免疫接种对防止产蛋期疫病发生至关重要。要求免疫程序合理，符合本场实际情况；疫苗来源可靠，保存良好，保证质量；接种途径适当，操作正确，剂量准确。接种后要检查接种效果，必要时进行抗体检测，确保免疫接种效果，使鸡群有足够的抗体水平来防御疾病的发生。

4. 驱虫　开产前要做好驱虫工作，110～130 日龄的鸡，每千克体重用左旋咪唑 20～40 mg 或驱蛔灵 200～300 mg，拌料喂饲，每天 1 次，连用 2 d 以驱除蛔虫；每千克体重用硫双二氯酚 100～200 mg，拌料喂饲，每天 1 次，连用 2 d 以驱绦虫；球虫卵囊污染严重时，上笼后要连用抗球虫药 5～6 d。

5. 光照　光照对鸡的繁殖机能影响极大，增加光照能刺激性激素分泌而促进产蛋，缩短光照则会抑制性激素分泌，进而抑制排卵和产蛋。通过对产蛋鸡的光照控制，以刺激和维持产蛋平衡。此外，光照可调节后备鸡的性成熟和使母鸡开产整齐，所以开产前后的光照控制非常关键。现代高产配套杂交品系已具备了提早开产能力，适当提前光照刺激，使新母鸡开产时间适当提前，有利于降低饲养成本。体重符合要求或稍大于标准体重的鸡群，可在 18 周龄时将光照时数增至 13 h，以后每周增加 30 min，直至光照时数达到 16 h，而体重偏小的鸡群则应在 19～20 周龄时开始光照刺激。光照时数应渐增，如果突然增加的光照时间过长，易引起脱肛；光照度要适当，不宜过强或过弱，过强易产生啄癖，过弱则起不到刺激作用。密封舍育成的新母鸡，由于育成期光照度过弱，开产前后光照度以 10～15 lx 为宜；开放舍育成的新母鸡，育成期受自然光照影响，光照强，开产前后光照度一般要保持在 15～20 lx 范围内，否则光照效果差。

6. 饲养　开产前的饲养不仅影响产蛋率上升和产蛋高峰持续时间，而且影响死淘率。

（1）适时更换饲料　开产前 2 周骨骼中钙的沉积能力最强，为使母鸡高产，降低蛋的破损率，减少产蛋鸡疲劳症的发生，应从 18 周龄起把日粮中钙的含量由 0.9% 提高到 2.5%；产蛋率达 20%～30% 时更换含钙量为 3.5% 的产蛋鸡日粮。

（2）保证采食量　开产前应恢复自由采食，让鸡吃饱，保证营养均衡，促进产蛋率上升。

（3）保证饮水　开产时，鸡体代谢旺盛，需水量大，要保证充足饮水。饮水不足，会影响产蛋率上升，并会出现较多的脱肛。

7. 减少应激

（1）合理安排工作时间，减少应激　转群上笼和免疫接种时间最好安排在晚上，捉鸡、运鸡和入笼动作要轻。入笼前在蛋鸡舍料槽中加上料，水槽中注入水，并保持适宜光照度，使鸡入笼后立即饮到水、吃到料，尽快熟悉环境。保持工作程序稳定，更换饲料时要有过渡期。

（2）使用抗应激添加剂　开产前应激因素多，可在饲料或饮水中加入抗应激剂以缓解应激，常用的抗应激添加剂有维生素C、电解多维、延胡素酸和镇静剂氯丙嗪。

8. 卫生　上笼后，鸡对环境不熟悉，加之进行一系列管理程序，对鸡造成较大应激，随着产蛋率上升，鸡体代谢旺盛，抵抗力差，极易受到病原侵袭，所以必须加强防疫卫生工作。杜绝外来人员进入饲养区和鸡舍，饲养人员进入前要消毒；保持鸡舍环境、饮水和饲料卫生；定期进行带鸡消毒和鸡场内外的消毒，减少疾病发生。此外，注意使用一些抗菌药和中草药防止大肠杆菌病和霉浆体病的发生。

9. 观察鸡群　如鸡群的采食、饮水、呼吸、粪便和产蛋率发生变化等，发现问题及时解决。鸡开产前后，生理变化剧烈，敏感不安而易发生挂颈、扎翅等现象，应多巡视，及早发现和处理，以减少死亡。注意观察，及时发现脱肛鸡、啄肛鸡、受欺负鸡和病弱残疾鸡，挑出处理。

四、产蛋期的饲养管理（21～72周龄）

1. 不可忽视按阶段饲养　把商品蛋鸡的产蛋期分为三段，各阶段喂给不同营养水平的日粮，以满足其产蛋需要。

（1）产蛋前期　即从开产到产蛋高峰后（40周龄），产蛋率大于80%以上（如育成期饲养良好，一般在20周龄左右开产，26～28周龄达产蛋高峰，至40周龄仍在80%左右），这一时期日粮中蛋白质、钙等营养含量应随鸡群产蛋率的增长而增加。轻型蛋鸡饲粮粗蛋白含量应为18%，代谢能（ME）2 860 kJ/kg（环境温度29～35 ℃时应降低为2 640 kJ/kg；10～13 ℃时增加为3 080 kJ/kg）；

钙 3.2%，炎热时 3.4%。每天每只鸡耗料 105 g，保证进食蛋白质 18.9 g（比料中含量指标更重要）。

（2）产蛋中期　即产蛋高峰过后的一段时期，产蛋率在 70%～80%，这一时期日粮中蛋白质、钙等营养含量应随鸡群产蛋率而变化。轻型蛋鸡饲粮粗蛋白含量应为 16.5%，ME 2 860 kJ/kg，（同前期）；环境温度 10～13 ℃时含钙 3.0%，18～21 ℃时含钙 3.2%，29～35 ℃时含钙 3.2%。每天每只鸡耗料 104 g，保证进食蛋白质 17.2 g。

（3）产蛋后期　产蛋率小于 70%，这一时期日粮中蛋白质、钙等营养含量应随鸡群产蛋率的增减而变化。轻型蛋鸡饲粮：当环境温度 10～13 ℃时，含蛋白质 14%，ME 3 080 kJ/kg，钙 3.2%；环境温度 18～21 ℃时，粗蛋白含量应为 15%，ME 2 860 kJ/kg，钙 3.4%；环境温度 29～35 ℃时，含蛋白质 16%，ME 2 640 kJ/kg，钙 3.7%。每天每只鸡耗料 99 g，保证进食蛋白 14.9 g。

2. 科学的饲喂时间及次数　为保持鸡群旺盛的食欲，每天必须分顿饲喂，有一定的空槽时间，以免饲料长期在料槽内存放，使鸡产生厌食和挑食的恶习。

3. 饮水要及时　鸡群断水 24 h，产蛋量减少 30%，需 25～30 d 的时间才能恢复正常；鸡群断水 36 h，产蛋量不能恢复至原来的水平；断水 36 h 以上，将会有部分鸡停止产蛋，导致换羽。因此，必须及时供应充足的饮水。

4. 适量饲喂保健砂　无论是种鸡还是商品蛋鸡，都要经常补饲沙砾，尤其对笼养鸡更为重要。沙砾的大小要适中，以直径 4～5 mm 为宜。喂法是：平养鸡可放置砂槽，笼养鸡可按 0.5% 的比例混在饲料里喂给。

5. 蛋鸡开产前后须做好防疫、驱虫工作　在蛋鸡产蛋前即应将各项防疫做好，否则不仅对鸡群的应激大，而且会影响疫苗发挥作用。驱虫应安排在 110 日龄前后。

6. 设备维修　在蛋鸡开产前上笼，应认真检查鸡笼，发现有破损或变形应及时修好，以防鸡蛋破损。实际生产发现，因为鸡笼不完好而导致鸡蛋破损率一直很高。

7. 日粮调整　在蛋鸡 18 周龄前后，如蛋鸡的生长发育符合标准，即可适时调整，更换饲料，改喂产蛋预产期料。到 5% 的蛋鸡产蛋时喂全价产蛋饲料，以满足蛋鸡群产蛋的营养需要。

第七章
固始鸡营养需求与饲料配制

第一节　固始鸡营养需求

随着我国养殖业的迅速发展，地方鸡养殖随之迅速崛起，其养殖方式也由传统的家庭养殖转变成集约化笼养以及生态散养，且随着地方鸡养殖方式的转变，其营养需求也由传统的粗放供给转变成为精细化供给。由于地方鸡生长速度慢、产蛋率低等特点，在其集约化养殖过程中，其营养需求以及饲养管理与蛋鸡有很大区别，但其生长和生理阶段与蛋鸡基本相同，同分为育雏期、育成期、产蛋期，产蛋期又分为产蛋前期、产蛋中期以及产蛋后期。在地方鸡不同生长时期，其营养需求是变化的，养殖场（户）为达到饲养效益最大化，通常根据不同时期地方鸡的营养需求，科学地进行日粮营养配比。以下为固始鸡不同阶段的营养需求，以及在固始鸡基础上培育的"三高青脚黄鸡3号"和"豫粉1号蛋鸡"的不同阶段的营养需求。

一、固始鸡营养需求

根据固始鸡的用途，我们将固始鸡分为自繁用的种鸡以及以销售为主的商品鸡，其营养需求也不相同，根据生长生理特点种鸡饲养阶段分为育雏期、育成期、产蛋初期以及产蛋期，而商品鸡分育雏期和育成期两个阶段，种鸡的营养需求更加精细精准。

（一）种鸡

1. 育雏期　0～6周龄为固始鸡育雏期，此时期为组织的快速生长时期，其营养主要用于肌肉和骨骼的快速生长，但是由于其消化系统不完善，消化能力较差，因此其营养需求中的代谢能需求较大。固始鸡种鸡育雏阶段的营养需求见表 7-1。

表 7-1　固始鸡种鸡育雏阶段（0～6 周龄）**营养需求**

代谢能 （MJ/kg）	粗蛋白 （%）	钙 （%）	总磷 （%）	有效磷 （%）	赖氨酸 （%）	蛋氨酸 （%）	蛋氨酸+ 胱氨酸（%）	钠 （%）	氯 （%）
12.12	20	1.0	0.70	0.45	0.95	0.35	0.76	0.16	0.16

2. 育成期　7～18 周龄为固始鸡育成阶段，此阶段为固始鸡种鸡生长的关键阶段，其生长与日粮中的蛋白质水平和能量水平都有密切的关系。蛋白质和能量的配比直接影响种鸡骨架的发育以及体重的增减，间接导致种鸡后期的繁殖性能，如不当的配比导致种鸡发育不良，体重较轻，其种母鸡在产蛋期很难达到高峰产蛋率。因此，在探究固始鸡营养需求的试验中，充分考虑固始鸡的生长发育特点，经过各种营养成分（主要为蛋白质和能量水平）配比试验，总结出了固始鸡在育成阶段的营养需求（表 7-2）。

表 7-2　固始鸡种鸡育成阶段（7～18 周龄）**营养需求**

代谢能 （MJ/kg）	粗蛋白 （%）	钙 （%）	总磷 （%）	有效磷 （%）	赖氨酸 （%）	蛋氨酸 （%）	蛋氨酸+ 胱氨酸（%）	钠 （%）	氯 （%）
11.5	14.0	0.9	0.65	0.42	0.85	0.28	0.60	0.16	0.16

3. 产蛋初期　19～23 周龄为固始鸡产蛋初期。对于大部分养殖户，此阶段的营养需求很容易被忽略，只用一种产蛋饲料饲喂整个产蛋期，这种饲喂方法直接影响种鸡的繁殖性能。产蛋初期种鸡生殖系统快速发育，重量增加，因此产蛋初期的营养需求较高，在营养配比时必须同时满足种鸡生长和产蛋的营养需要。固始鸡种鸡在产蛋初期的营养需求见表 7-3。

表 7-3　固始鸡种鸡产蛋初期阶段（19～23 周龄）**营养需求**

代谢能 （MJ/kg）	粗蛋白 （%）	钙 （%）	总磷 （%）	有效磷 （%）	赖氨酸 （%）	蛋氨酸 （%）	蛋氨酸+ 胱氨酸（%）	钠 （%）	氯 （%）
11.50	15.0	2.0	0.70	0.42	0.90	0.32	0.64	0.16	0.16

4. 产蛋期　24 周龄后为固始鸡的产蛋阶段。由于产蛋期的种鸡生长发育和生殖系统发育基本成熟，因此此阶段的营养主要用于维持自身的基本代谢和高强度的

产蛋。此时期，必须考虑日粮中的蛋白水平和钙水平，只有合理的营养配比才能保证产蛋期高产蛋率以及高成活率。固始鸡种鸡在产蛋期的营养需求见表7-4。

表7-4　固始鸡种鸡产蛋期阶段（24周龄后）营养需求

代谢能 （MJ/kg）	粗蛋白 （%）	钙 （%）	总磷 （%）	有效磷 （%）	赖氨酸 （%）	蛋氨酸 （%）	蛋氨酸＋ 胱氨酸（%）	钠 （%）	氯 （%）
11.66	15.5	3.2	0.80	0.45	0.90	0.40	0.70	0.16	0.16

（二）商品鸡

固始鸡商品鸡主要以销售为目的，其饲养周期较短，主要分为育雏阶段（0～6周龄）以及育成阶段（7～12周龄）。商品鸡营养需求和种鸡有很大差距，因此在探究固始鸡商品鸡营养配比试验过程中，结合固始鸡的生长特点以及饲养目的，经过大量的饲养试验，总结出了固始鸡商品鸡不同阶段的营养需求（表7-5）。

表7-5　固始鸡商品鸡各阶段的营养需求

项　　目	0～3周龄	4～6周龄	7～12周龄
代谢能（MJ/kg）	11.91～12.33	12.12～12.33	12.33～12.54
粗蛋白（%）	20.00～21.00	18.00～20.00	15.00～17.00
粗脂肪（%）	3.1	2.6	4.5
粗纤维（%）	3.3	3.6	3.6
钙（%）	1.0	0.95	0.90
有效磷（%）	0.50	0.50	0.45
赖氨酸（%）	1.15	1.10	1.00
蛋氨酸（%）	0.40	0.35	0.33
蛋氨酸＋胱氨酸（%）	0.75	0.70	0.60
钠（%）	0.15	0.15	0.15
氯（%）	0.15	0.15	0.15

二、"三高青脚黄鸡3号"营养需求

（一）种鸡

根据种鸡生长特点以及营养需求，"三高青脚黄鸡3号"的营养需求划分为四个阶段：育雏阶段（0～6周龄）、育成阶段（7～16周龄）、产蛋初期（17～23周龄）以及产蛋期（24周龄后）。种鸡的营养需求见表7-6。

表7-6　"三高青脚黄鸡3号"种鸡营养需求

项　目	0～6周龄	7～16周龄	17～23周龄	24周龄后
代谢能（MJ/kg）	12.12	11.5	11.50	11.66
粗蛋白（%）	20	14.0	15.0	15.5
钙（%）	1.0	0.9	2.0	3.2
总磷（%）	0.70	0.65	0.70	0.80
有效磷（%）	0.45	0.42	0.42	0.45
赖氨酸（%）	0.95	0.85	0.90	0.90
蛋氨酸（%）	0.35	0.28	0.32	0.40
蛋氨酸＋胱氨酸（%）	0.76	0.60	0.64	0.70
钠（%）	0.16	0.16	0.16	0.16
氯（%）	0.16	0.16	0.16	0.16

（二）商品鸡

"三高青脚黄鸡3号"商品代肉鸡的营养需求见表7-7。

表7-7　"三高青脚黄鸡3号"商品代肉鸡营养需求

项　目	0～3周龄	4～6周龄	7～12周龄
代谢能（MJ/kg）	11.91～12.33	12.12～12.33	12.33～12.54
粗蛋白（%）	20.00～21.00	18.00～20.00	15.00～17.00
粗脂肪（%）	3.1	2.6	4.5
粗纤维（%）	3.3	3.6	3.6
钙（%）	1.0	0.95	0.90
有效磷（%）	0.50	0.50	0.45
赖氨酸（%）	1.15	1.10	1.00
蛋氨酸（%）	0.40	0.35	0.33
蛋氨酸＋胱氨酸（%）	0.75	0.70	0.60
钠（%）	0.15	0.15	0.15
氯（%）	0.15	0.15	0.15

三、"豫粉1号蛋鸡"营养需求

（一）种鸡

根据"豫粉1号蛋鸡"种鸡生长特点以及营养需求，将"豫粉1号蛋鸡"的营养需求划分为2个时期，分别为后备期和产蛋期。后备期又分为：小鸡阶段（0～3周龄）、中鸡阶段（4～8周龄）、大鸡阶段（9～17周龄）和产前阶段（18周至产蛋率5%）。"豫粉1号蛋鸡"种鸡后备期营养需求见表7-8，产蛋期营养需求见表7-9，"豫粉1号蛋鸡"父母代母鸡微量营养素添加量推荐见表7-10。

表7-8　"豫粉1号蛋鸡"种鸡后备期营养需求

项　目	0～3周龄	4～8周龄	9～17周龄	18周龄至产蛋率5%
代谢能（kJ）	12 139～11 511	11 386～11 720	11 386～11 720	11 386～11 720
粗蛋白（%）	21.00	18.50	15.00	17.50
蛋氨酸（%）	0.48	0.40	0.34	0.36
蛋氨酸（可消化，%）	0.39	0.33	0.28	0.29
蛋氨酸+胱氨酸（%）	0.83	0.70	0.60	0.68
蛋氨酸+胱氨酸（可消化，%）	0.68	0.57	0.50	0.56
赖氨酸（%）	1.20	1.00	0.68	0.85
赖氨酸（可消化，%）	0.98	0.82	0.55	0.70
缬氨酸（%）	0.89	0.75	0.53	0.64
缬氨酸（可消化，%）	0.76	0.64	0.46	0.55
色氨酸（%）	0.23	0.21	0.17	0.20
色氨酸（可消化，%）	0.19	0.17	0.14	0.16
苏氨酸（%）	0.80	0.70	0.55	0.60
苏氨酸（可消化，%）	0.65	0.57	0.44	0.49
异亮氨酸（%）	0.83	0.75	0.60	0.74
异亮氨酸（可消化，%）	0.68	0.62	0.50	0.61
钙（%）	1.05	1.00	0.90	2.00
总磷（%）	0.75	0.70	0.58	0.65
有效磷（%）	0.48	0.45	0.37	0.45
钠（%）	0.18	0.17	0.16	0.16
氯（%）	0.20	0.19	0.16	0.16
亚油酸（%）	2.00	1.40	1.00	1.00
粗纤维（最低量，%）	2.50	3.00	4.00	2.50

表 7-9 "豫粉 1 号蛋鸡"种鸡产蛋期营养需求

项 目	每只鸡需要量 (g/d)	依采食量的不同而设计的配方（%）			
		100 g	105 g	110 g	115 g
粗蛋白	19.20	18.29	17.45	16.70	16.00
赖氨酸	0.87	0.83	0.79	0.76	0.73
赖氨酸（可消化）	0.71	0.68	0.65	0.62	0.59
蛋氨酸	0.44	0.42	0.40	0.38	0.37
蛋氨酸（可消化）	0.36	0.34	0.33	0.31	0.30
蛋氨酸＋胱氨酸	0.80	0.76	0.73	0.70	0.67
蛋氨酸＋胱氨酸（可消化）	0.66	0.62	0.60	0.57	0.55
缬氨酸	0.69	0.66	0.63	0.60	0.58
缬氨酸（可消化）	0.59	0.57	0.54	0.52	0.49
色氨酸	0.21	0.20	0.19	0.18	0.18
色氨酸（可消化）	0.17	0.16	0.15	0.15	0.14
苏氨酸	0.64	0.61	0.58	0.56	0.53
苏氨酸（可消化）	0.52	0.49	0.47	0.45	0.43
异亮氨酸	0.66	0.63	0.60	0.57	0.55
异亮氨酸（可消化）	0.55	0.52	0.50	0.48	0.46
钙	4.10	3.90	3.73	3.57	3.42
总磷	0.64	0.61	0.58	0.56	0.53
有效磷	0.44	0.42	0.40	0.38	0.37
钠	0.17	0.16	0.15	0.15	0.14
氯	0.17	0.16	0.15	0.15	0.14
亚油酸	2.00	1.90	1.82	1.74	1.67

表 7-10 "豫粉 1 号蛋鸡"父母代母鸡微量营养素添加量推荐（每千克饲料）

微量元素	0～8 周龄	9～17 周龄	18 周龄至产蛋率 5%	产蛋率 5%后
维生素				
A（IU）	12 000	12 000	12 000	15 000
D_3（IU）	2 500	2 500	3 000	3 000
E（mg）	20～30	20～30	15～100	15～100
K_3（mg）	3	3	5	5
B_1（mg）	2	2	4	4

（续）

微量元素	0～8 周龄	9～17 周龄	18 周龄至产蛋率 5%	产蛋率 5% 后
B₂（mg）	8	6	10	10
B₆（mg）	4	4	6	6
B₁₂（μg）	20	20	30	30
泛酸（mg）	10	10	20	20
烟酸（mg）	30	30	30	30
叶酸（mg）	1	1	2	2
生物素（μg）	100	100	200	200
胆碱（mg）	300	300	400	400
矿物质				
锰（mg）	100	100	100	100
锌（mg）	60	60	60	60
铁（mg）	25	25	25	25
铜（mg）	10	10	10	10
钴（mg）	0.1	0.1	0.1	0.1
碘（mg）	0.5	0.5	0.5	0.5
硒（mg）	0.2	0.2	0.2	0.2
抗氧化剂（mg）	100～150	100～150	100～150	100～150

（二）商品鸡

根据"豫粉 1 号蛋鸡"商品代的生长特点，将商品代分为 4 个阶段，分别为 0～8 周龄、9～12 周龄、13～18 周龄和 19～72 周龄，各个阶段的营养需求见表 7-11。

表 7-11 "豫粉 1 号蛋鸡"商品代蛋鸡营养需求

项 目	0～8 周龄	9～12 周龄	13～18 周龄	19～72 周龄
代谢能（kJ/kg）	11 930	11 386	11 386	11 553
粗蛋白质（%）	19.50	17.50	16.00	16.50
精氨酸（%）	1.25	0.95	0.75	0.85
赖氨酸（%）	1.00	0.75	0.66	0.85
蛋氨酸（%）	0.42	0.36	0.36	0.41
蛋氨酸＋胱氨酸（%）	0.80	0.58	0.58	0.78

（续）

项　目	0～8 周龄	9～12 周龄	13～18 周龄	19～72 周龄
色氨酸（%）	0.20	0.17	0.15	0.20
苏氨酸（%）	0.72	0.55	0.47	0.62
亚油酸（%）	0.62	0.52	0.52	1.28
常量矿物质				
钙（%）	1.00	0.90	1.75	4.00
有效磷（%）	0.45	0.40	0.42	0.35
氯（%）	0.16	0.15	0.15	0.18
镁（%）	0.05	0.05	0.05	0.61
钠（%）	0.20	0.18	0.18	0.20
钾（%）	0.05	0.05	0.05	0.19
微量元素				
铜（mg/kg）	4.00	3.00	2.00	3.00
碘（mg/kg）	0.10	0.70	0.70	0.10
铁（mg/kg）	40.00	30.00	30.00	56.00
锰（mg/kg）	50.00	35.00	25.00	30.00
硒（mg/kg）	0.10	0.10	0.10	0.10
锌（mg/kg）	60.00	50.00	50.00	65.00
维生素				
A（IU/kg）	10 000	7 000	6 000	5 000
D_3（IU/kg）	2 500	2 200	2 000	800
E（IU/kg）	25.00	15.00	15.00	12.00
K（mg/kg）	3.00	3.00	2.50	2.00
B_{12}（mg/kg）	0.020	0.020	0.020	0.025
生物素（mg/kg）	0.1	0.1	0.1	0.1
胆碱（mg/kg）	320	240	240	1 310
叶酸（mg/kg）	1.0	0.8	0.9	0.7
烟酸（mg/kg）	30	22	22	25
泛酸（mg/kg）	8.50	6.50	6.50	3.00
吡哆醇（mg/kg）	2.00	1.60	1.50	3.40
核黄素（mg/kg）	4.20	3.10	3.00	3.40
硫胺素（mg/kg）	2.00	1.50	1.50	1.00

第二节 固始鸡饲粮种类与常用饲料营养成分

一、饲粮种类

饲料是能提供动物所需的营养成分，保证动物健康，促进动物生长和生产，且在合理使用条件下不发生有害作用的可饲用物质。其分类可根据营养价值以及形状进行分类。

（一）根据营养价值分类

1. 全价配合饲料　全价配合饲料能满足畜禽所需要的全部营养，是由能量饲料、蛋白质饲料、矿物质饲料、维生素、氨基酸及微量元素添加剂等，按规定的饲养标准配合而成的饲料，是一种质量较好，营养全面、平衡的饲料。这类饲料可以直接饲喂畜禽。

2. 浓缩饲料　浓缩饲料是由蛋白质饲料、矿物质饲料、添加剂预混料按一定比例混合而成。这类饲料不能直接饲喂，而要按说明书的说明加入玉米或其他能量饲料后方可饲喂。

3. 添加剂预混料　添加剂预混料是由一种或多种微量的添加剂原料和载体及稀释剂一起拌和均匀的混合物。微量成分经预混合后，有利于其在大量的饲料中均匀分布。添加剂预混料是配合饲料的半成品，不能直接用来饲喂畜禽。添加剂预混料生产工艺一般比配合饲料生产要求更加精细和严格，产品的配比更准确，混合更均匀，多由专门工厂生产。

（二）根据饲料形状分类

1. 粉状饲料　粉状饲料是配合饲料的基本型，浓缩饲料、添加剂预混料一般都是粉状饲料。

2. 颗粒饲料　颗粒饲料是将配合好的粉状饲料在颗粒机中加蒸汽或用水高压压制而成的颗粒状饲料。其粉尘小、营养全、消化率高。

3. 膨化饲料　膨化饲料由挤压机生产，加工时物料经由高温、高压、高剪切处理，使物料的结构发生变化，使饲料质地疏松，能较长时间的漂浮于水面。

4. 碎粒料　碎粒料是经破碎机破碎成直径 2～4 mm 大小的碎粒而成的饲料，适合于幼小动物采食。

二、常用饲料营养成分

饲料原料来源较多，植物、动物、微生物和矿物质以及其产品都可以作为饲料的主要原料，这些物质所提供的养分称之为营养物质。饲料营养成分大致分为 7 类：碳水化合物、饲料蛋白质与含氮化合物、饲料脂类化合物、饲料能量、饲料矿物质、饲料维生素以及水分。这些养分是由单一化学元素或几种化学元素相互结合形成，其中碳、氢、氧、氮四种含量最高，约占饲料干物质总量的 90%；其他常量元素如钠、钾，以及碘等微量元素含量相对较低，但这些都是饲料中不可或缺的。

（一）碳水化合物

碳水化合物是由碳、氢、氧三种元素组成的有机化合物，是多羟基醛、酮或其缩合物以及衍生物的总称。碳水化合物可分为单糖、寡糖和多糖三类。单糖是最简单的碳水化合物，可分为戊糖和己糖等；寡糖是由 2～10 个单糖分子通过糖苷键形成；多糖是由 10 个以上单糖分子缩水缩合而成，主要分为同聚多糖和杂聚多糖两大类。

（二）蛋白质与含氮化合物

蛋白质是生物存活的基础物质，动物的各个生长过程都离不开蛋白质，因此饲料中的蛋白质是不可或缺的。饲料中的含氮化合物包括真蛋白质与非蛋白含氮物，真蛋白质是由多种氨基酸结合形成的高分子化合物；非蛋白含氮物是非蛋白质形态的含氮化合物。蛋白质是由各种 α-氨基酸通过肽键连成多肽的高分子有机物，按照化学组成可分为单纯蛋白质和复合蛋白质两类；非蛋白含氮物主要分为核酸和碱基、胺及胺类含氮化合物、游离氨基酸等。

（三）脂类化合物

脂类化合物由碳、氢、氧三种化学元素组成，脂类化合物分为脂肪和类脂两类。脂肪是由甘油和脂肪酸组成的甘油三酯；类脂由脂肪酸、甘油及其他物质结合而成，包括磷脂、固醇类和糖脂。

（四）能量物质

能量作为饲料营养的另一种存在形式，为动物体内的代谢提供能量，是各种动物基本的和重要的营养需要。饲料中的有效能主要为消化能、代谢能和净能。消化能为饲料总能除去粪便损失的能量所剩余的能量；代谢能为饲料总能经动物消化后，除去粪能损失，还有因碳水化合物在消化道发酵产生的可燃气体，以及蛋白质代谢的终产物尿素等从尿中排除的物质的损失能量，剩余的称代谢能，更真实地反映动物体内能量利用的实际情况；净能为动物采食饲料后，总能除去粪能、尿能及甲烷能的损失外，还有部分能量以热的形式损失，这种因动物进食饲料后产生的高于基础代谢的产热量称为体增热，代谢能扣除体增热为净能。

（五）矿物质

动物中除构成有机分子和水分子的碳、氢、氧、氮外还有其他几十种元素称为矿物质元素，矿物质元素分为常量元素以及微量元素。常量元素主要为钙、磷、钠、氯、钾、镁、硫；微量元素主要为铜、铁、锌、锰、碘、硒、钴、铬。矿物质元素是动物生长发育不可缺少的。

（六）维生素

维生素是动物维持机体正常生命活动所必需的一类小分子有机化合物。维生素包括脂溶性维生素和水溶性维生素两大类。脂溶性维生素主要包括维生素A、维生素D、维生素E、维生素K等；水溶性维生素主要包括维生素C和B族维生素。

（七）水分

水分作为饲料不可或缺的成分，存在于所有饲料中，风干的饲料中约含10％的水分。饲料中的水分主要包括束缚水和自由水。束缚水称为化学结合水或结晶水，其与饲料风味有直接关系；自由水又称游离水，分为滞化水、凝胶水和毛细管水。

第三节　固始鸡饲料配制

饲料配制质量的优劣与饲料配方和饲料加工工艺以及设备密切相关。为保证饲料配制时的质量，提高饲料利用率，必须结合实际情况优化饲料配方以及生产工艺。

一、饲料生产工艺及设备基本要求

饲料生产工艺及设备的好坏决定饲料的质量以及成本。饲料加工工艺流程是由多个设备和装置按照一定的生产程序和技术要求排列组合而成的，生产流程可多元化。饲料的加工工艺主要分为原料的接收及清理、粉碎、配料、混合、成形和包装等工序。对饲料生产工艺及设备的要求主要有以下几点。

（1）采用先进、可靠、成熟的工艺流程和相应的设备，以提高生产效率和产品质量。

（2）具有较好的适应性和一定的灵活性，以便满足不同配方、不同原料和不同成品的要求。

（3）尽量采用序列化、标准化和零件通用化的设备。

（4）设备能耗低、寿命长、消耗少且相互配套，具有技术先进性。

（5）合理布置，以利于操作、管理和维修。

（6）保证人机安全，有效地控制粉尘和噪声，实现文明生产。

二、饲料配制基本要求

科学的饲料配制是饲养动物的重要环节，科学合理地搭配饲料原料可以全面地满足动物营养的需要。饲料配制时需要考虑动物的营养需要以及生理特点，又需要合理地应用各种饲料资源，尽可能配制出低成本、高效果的饲料。所以对饲料配制有很高的要求，主要有以下几个方面。

（1）营养指标的特殊要求。

（2）强化动物生长和产品生长的特殊要求。

（3）改善畜禽产品品质和性状的特殊要求。

（4）动物保健和防病方面的特殊要求。

（5）生物安全和环境保护的特殊要求。

（6）与配合饲料产品性状有关的附加要求。

三、饲料配方实践

结合鸡群营养需要以及当地饲料原料成本，科学地设计饲料配方不仅能为鸡群提供所需营养，还能节省饲料成本。固始鸡、"三高青脚黄3号"和"豫粉1号蛋鸡"经过长期的饲养，根据其生长特点，摸索确定了其不同阶段生产的营养需求，并根据其营养需求设计了不同类型的饲料。

（一）固始鸡饲料配方实践

1. 种鸡建议饲料配方　固始鸡种鸡建议饲料配方见表7-12。

表7-12　固始鸡种鸡建议饲料配方（%）

原料	0～6周龄	7～18周龄	19～23周龄	24周龄后
玉米	62.1	63.7	63.2	63.5
豆粕	27.8	19.8	24.5	25.5
鱼粉	2.0	—	—	—
麸皮	4.3	12.6	4.8	—
磷酸氢钙	1.6	1.4	1.5	1.5
石粉	0.9	1.2	4.7	8.2
食盐	0.3	0.3	0.3	0.3
预混料	1.0	1.0	1.0	1.0
代谢能（kJ/kg）	11 930	11 302	11 093	11 093
粗蛋白质	18.5	15.5	16.0	16.0
蛋氨酸	0.38	0.30	0.34	0.34

注：根据原料品质，饲料原料比例有所区别。

2. 商品鸡建议饲料配方　固始鸡商品鸡建议饲料配方见表7-13。

表7-13　固始鸡商品鸡建议饲料配方（%）

原料	0～3周龄	4～6周龄	7～20周龄
玉米	52	55.9	64
次粉	9	0	0
食盐	0.3	0.3	0.3
预混料	1	0	1
大豆粕	25	23.75	15.24
磷酸氢钙	1.6	1.3	0
石粉	1.5	1.3	2

原　料	0～3 周龄	4～6 周龄	7～20 周龄
大豆油	1.5	2	2.8
DL-蛋氨酸	0.07	0.05	0.06
L-赖氨酸盐酸盐	0.07	0.4	0.6
棉籽粕	3	0	0
菜籽粕	0	0	3
玉米蛋白粉	2	4	2
玉米蛋白饲料	3	4	4
米糠粕	0	7	5

注：根据原料品质，饲料原料比例有所区别。

（二）"三高青脚黄鸡3号"饲料配方实践

1. 种鸡建议饲料配方　　"三高青脚黄鸡3号"含有矮小基因（dw），其建议饲料配方见表7-14。

表 7-14　"三高青脚黄鸡3号"种鸡建议饲料配方（％）

原　料	0～6 周龄	7～18 周龄	19～23 周龄	24 周龄后
玉米	62.7	61.0	61.3	60.0
豆粕	28.0	15.4	23.0	22.0
鱼粉		2	2.0	3.0
杂粕	4	5	4.0	4.0
麸皮		7.35	2.0	
细糠		5		
骨粉	2.2	1.5	2.2	2.5
贝壳粉	0.7	1.4	4.0	8
蛋氨酸	0.06		0.065	0.07
食盐	0.36	0.35	0.30	0.33
预混料	1	1	1	1
代谢能（kJ/kg）	11 930	11 093	11 093	11 093
粗蛋白质	18.5	16.0	17.0	17.0
蛋氨酸	0.40	0.34	0.43	0.43

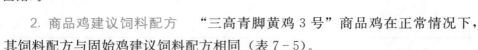
2. 商品鸡建议饲料配方　"三高青脚黄鸡3号"商品鸡在正常情况下，其饲料配方与固始鸡建议饲料配方相同（表7-5）。

（三）"豫粉1号蛋鸡"饲料配方实践

1. 种鸡建议饲料配方　"豫粉1号蛋鸡"种鸡建议饲料配方见表7-15。

表7-15　"豫粉1号蛋鸡"种鸡建议饲料配方（%）

原　料	0～3周龄	4～8周龄	9～17周龄	18周龄至产蛋率5%	产蛋阶段
玉米	55	52	51	38	42
小麦粉	4	6	6	10	6
谷粉	3	6	14	12	9
麸皮	2.2	9	7	10	10
豆饼	27	18	9	13	15
鱼粉	6	5	4	5	6
骨粉	1	1.2	2	2.2	2.2
贝壳粉	1	2	1.2	3	3
草粉	—	—	5	6	6
食盐	0.3	0.3	0.3	0.3	0.3
添加剂	0.5	0.5	0.5	0.5	0.5

注：添加剂包括维生素、微量元素、氨基酸、促生长素和抗病药物等。

2. 商品鸡建议饲料配方　"豫粉1号蛋鸡"商品鸡含有矮小基因，为节粮型，其建议饲料配方见表7-16。

表7-16　"豫粉1号蛋鸡"商品鸡建议饲料配方（%）

原　料	0～3周龄	4～8周龄	9～17周龄	18周龄至产蛋率5%
玉米	65.0	63.0	61.3	60.0
豆粕	26.0	17.0	23.0	22.0
鱼粉	2.0		2.0	3.0
杂粕	3.0	5	4.0	4.0
麸皮		5.75	2.0	
细糠		3		

（续）

原　料	0～3周龄	4～8周龄	9～17周龄	18周龄至产蛋率5％
骨粉	2.0	1.5	2.2	2.5
贝壳粉	0.6	1.4	4.0	8
蛋氨酸	0.05		0.065	0.07
食盐	0.35	0.35	0.30	0.33
预混料	1	1	1	1
代谢能（kJ/kg）	11 930	11 093	11 093	11 093
粗蛋白质	18.5	16.0	17.0	17.0
蛋氨酸	0.40	0.34	0.43	0.43

第四节　固始鸡生态放养条件下的饲料建议

随着社会经济的发展，人们的生活水平逐渐提升，消费者消费观念发生改变，对于鸡肉、鸡蛋等品质要求越来越高。大多养殖户为了满足消费者的需求，加速了养殖方式的多元化。除传统的笼养养殖方式，目前生态放养逐渐被消费者喜好，其规模逐渐发展壮大。所谓的生态放养，就是把鸡群放养到自然环境中，释放鸡的天性，满足其生物学习性，为其提供良好的生活环境，并利用自然资源，让鸡肉和鸡蛋恢复应有的天然优良品质。生态养殖的关键取决于养殖鸡的品种、养殖场地的选择、散养方式以及合理的营养补给。

一、生态放养场地选择及饲养方式

（一）场地的选择和建设

生态放养场地在选址和建设方面与家庭养殖以及笼养有很大区别，其养殖场地的选址和建设主要满足以下几点。

（1）应选取地势较高、阳光充足以及水电充足并远离居民区和其他养殖场的区域，以利于鸡群隔离。

（2）场地最好成一定的坡度且平坦，以利于鸡群运动和栖身。

（3）养殖过程中区域内还应具有与养殖规模相对应的树木，以利于鸡群的栖身。

（4）放养场地应含有70％的庇荫地，防止太阳直射导致鸡群中暑。

（5）放养场地内可种植一些饲草，可有效地处理鸡群产生的粪便，同时供给鸡群饲用。

（6）养殖场地周围应用铁网等隔离成若干区域，保证鸡群的密度以及防止鸡群的流失。

生态养殖根据场地选择的不同可分为多种养殖模式，如选择树木、果园、茶园以及滩地等场地，可分为林下养殖、果园养殖、茶园养殖及滩地养殖等。

（二）养殖方式

依据固始鸡放牧生产的实际经验，参考近几年有关固始鸡生长发育、营养需要、肉质风味、育种改良等的最新研究结果，已形成固始鸡0~4周龄舍内育雏、5~10周龄野外放牧、11周龄后舍内集中育肥的"三段制"放牧饲养技术。根据固始县地域环境以及场地特点，固始鸡放养主要分为林下养殖和茶园养殖。

1. 林下养殖　利用固始县多丘陵、山地等的地理环境，选择树木覆盖率高、阳光充足、远离居民的山地，进行固始鸡规模放养。

2. 茶园养殖　利用固始县南部山区得天独厚的地理环境，以及茶园种植特点，构建独特、可追踪溯源的生态养殖模式。

二、饲料营养需要及建议饲料配方

生态养殖需要给鸡群增加适当的营养，科学配料，提高鸡群的生活质量。根据固始鸡生态放养的特点以及长期饲养数据的收集，摸索了固始鸡林下养殖以及茶园养殖方式在不同季节养殖的营养需求。

1. 林下养殖　通过开展林地放养固始鸡试验，筛选出了较适宜的固始鸡放养补饲日粮营养水平。生长期适宜代谢能、粗蛋白含量分别为11.72 MJ/kg和13.03％；产蛋期适宜代谢能为11.71 MJ/kg、粗蛋白含量为13.80％。

2. 茶园养殖　根据茶园养殖特点，固始鸡生活环境多为茶树等低矮植物，其为固始鸡提供大量的昆虫等蛋白物质。但由于其活动量较大，因此需要补充额外的能量物质，如玉米、稻谷、小麦等原料。

第八章
固始鸡疾病防控

第一节　固始鸡疾病防控基本要求

一、疾病防控法规制度

为提高动物养殖的社会效益和经济效益，实行科学养殖、生态养殖，促进养殖业可持续健康发展，防止动物疫病的发生和传播，保护消费者身体健康，维护公共卫生安全，鸡场疾病防控应遵守以下法规制度。

（1）自觉遵守《中华人民共和国动物防疫法》《中华人民共和国畜牧法》和《畜禽标识和养殖档案管理办法》等法律法规，坚持"预防为主，防治结合，防重于治"原则，预防动物疫病发生，提高养殖效益。

（2）养殖场配备与养殖规模相适应的畜牧兽医技术人员，建设符合动物防疫条件并依法申领《动物防疫条件合格证》。

（3）养殖场负责人为动物防疫工作主要责任人，负责组织落实动物防疫各项制度，履行动物疫病综合防控职责。

（4）坚持自繁自养，实行封闭性管理，生产区内禁养其他动物，严格执行消毒制度。

（5）严格按规定做好强制免疫、消毒、病死禽无害化处理、检疫、调运备案、隔离观察、疫情报告、疫苗使用管理以及疫病监测等防控工作。

（6）严格按规定建立和规范填写防疫档案。各类档案记录应真实、完整、整洁，并有相关人员签名。养殖档案和防疫档案保存 2 年以上。

（7）自觉接受和配合县动物卫生监督所、动物疫病预防控制中心的依法监管和抽样监测。

二、疫病防控技术要点

随着当前养殖业的发展，鸡群疫病发生日趋复杂，疫病防控难度加大。如何做好鸡场疫病防控，首先需要养殖者有坚定的疫病防控意识，做到预防为主、防重于治，在科学的防控方法指导下采取积极的防疫措施。在疫病防控的技术方面，主要是针对传染病发生过程，即传染源、传播途径、保护易感动物三个环节采取综合措施，破坏传染病的发生过程，避免疫病发生，达到防控的目的。

（一）控制和消灭传染源

1. 合理的建设布局利于疫病防控　养殖场建场选址要地势高燥、平坦、背风向阳、水源充足、水质良好、远离交通干线、居民区和其他公共场所，特别是动物饲养场、屠宰场、集贸市场、风景区等。场内布局规划合理，生活区、生产管理区、生产区、隔离区要严格分开，保持相对独立封闭。生产区内应按人流、物流、鸡群饲养生产流程实行单一流向建设布局，净道、污道分开互不交叉。污水污物、病死动物的无害化处理、清洗消毒设施设备齐全。

2. 实行"全进全出"和"自繁自养"　实行全进全出的饲养方式，利于圈舍彻底清理、消毒，可消除场内连续感染和交叉感染；育种采用自繁自养的方式，引种则需要隔离饲养。

3. 做好检疫和疫情监测　对场内死亡鸡及正常鸡只进行喉头、泄殖腔拭子检测，使用疫苗进行检测及监测，及时发现病鸡、带毒鸡及污染疫苗，并进行无害化处理。对于从外地引进鸡种，必须进行严格检疫、检测，确认健康后方可混群。

（二）严格执行卫生消毒等生物安全制度，切断疫病传播途径

环境卫生清理、消毒是鸡群疫病预防控制工作中的重要环节。制定完整的卫生管理、消毒制度，组织全体人员学习，提高生物安全意识，并在生产中严格执行。时刻保持场内环境整洁，避免物品乱堆乱放。消毒要彻底，不留死角，不走过场。进入场区人员必须消毒，经消毒室洗澡、消毒、更衣后方可进入生产区。车辆进场时需要经过消毒池，并对车身及底盘进行喷雾消毒，禁止驾驶员下车。保持鸡舍卫生清洁，饮水器、水线、饲槽定期清理，定期消毒。饲养人员坚守岗位，自觉遵守各种生物安全制度，严禁串舍。各鸡舍工作器具和设备专舍专用。

蚊、蝇、虻、鼠等都是一些传染病的重要传播媒介。做好杀鼠灭虫工作，对传染病预防和扑灭具有重要的意义，如在鸡场灭鼠可降低鸡白痢、沙门氏菌的传播，夏季消灭库蠓可减少鸡白冠病的发生。

（三）提高易感动物的抗病力

1. 科学的饲养管理　给鸡群提供清洁、优质、充足的饮水，饲喂优质全价日粮，提高鸡群的抗病力是疫病防控的基础。加强饲养管理，减少或避免应激因素，给鸡群提供舒适的生活环境，将会大大减少疾病的发生。

2. 免疫接种　在养殖场内，根据当地疫病流行情况，疫病检测及监测结果，制定科学合理的免疫程序，按计划实施免疫接种，建立易感鸡群免疫保护屏障。同时，要做好鸡群免疫监测工作，避免发生免疫失败，保证鸡群的免疫效果，防止或减少疫病的发生。

三、无害化处理

（一）死亡鸡只的无害化处理

（1）对死亡鸡只，应坚持"五不一处理"原则，即不宰杀、不食用、不销售、不转运、不乱丢，规范进行无害化处理。

（2）无害化处理措施以尽量减少损失，保护环境，不污染空气、土壤和水源为原则。无害化处理的方式一般为高温。根据实际情况，引进高温无害化处理设备，经高温处理后按照生产需要添加不同物质，可生产出不同的全价的复合有机肥料。在无害化处理过程中及疫病流行期间要注意个人防护。无害化处理结束后，必须彻底对其圈舍、用具、道路等进行消毒，防止病原传播。

（3）当养殖场发生重大动物疫情时，应服从重大动物疫病处置决定，对同群或染疫鸡群进行扑杀，对病死、扑杀畜禽和相关畜禽产品、污染物进行无害化处理。

（4）按规定做好本场无害化处理记录工作。

（二）粪便及其他废弃物无害化处理

按时将生产过程中产生的粪便清扫，运送至粪便发酵坑中进行生物发酵。此法经济实用，而且可以保持消毒后肥料的价值不损失。

第二节　固始鸡养殖场的消毒

一、消毒的意义

消毒是指在不同的生产环节，用物理、化学或生物等方法清除或杀灭畜禽体表及其生存环境中传播媒介上的病原微生物及其他有害微生物，以切断传播途径，阻止传染病的发生。经过消毒后，芽孢或非病原微生物可能仍存活。

鸡疫病的发生和传播与其生活环境有着密切的关系，环境质量的控制是疫病防控中的重要环节。在实际生产当中，场内环境、各设施设备、用具及鸡群随时都可能受到病原体的污染，导致传染病发生，给养殖场带来巨大的损失。健全的消毒制度可杀灭环境中90%以上的病原微生物（包括鸡群体表及黏膜），切断传播途径，阻止疫病扩散和蔓延，保护其他易感鸡群，同时也避免作为传染源受其他疫病的感染而出现并发症。同时，鸡舍内带鸡喷雾消毒可以降低空气中的粉尘、提高空气温度，对鸡舍内空气质量的改善也起着一定的作用。因此，消毒作为养殖场环境管理及卫生防疫的重要内容之一，有着重要意义。

二、消毒药的种类及适用对象

消毒药通常是指在化学消毒法当中所使用的具有消毒作用的化学药品，也称作消毒防腐剂。消毒、防腐是表示对微生物的杀灭程度的术语，而生产中常用的消毒剂与防腐剂有严格的界限之分。根据其化学结构的不同，消毒剂有：酚、醛、醇、酸、碱、卤素类、重金属盐类、过氧化物类、季铵盐等类型消毒剂。当前生产中使用最为广泛的兽用消毒药品主要是复合酚类、醛类、碱类、卤素类和季铵盐类。

1. 酚类　酚类消毒剂为表面活性物质，通过损害菌体细胞膜、蛋白变性、抑制细菌脱氢酶和氧化酶而起杀菌作用。主要用于畜禽圈舍、器具、场地排泄物等的消毒，以杀灭芽孢、病毒和真菌等病原。但该类消毒剂对皮肤黏膜有刺激性和腐蚀性，忌与碘制剂合用，碱性环境、脂类、皂类等能削弱其消毒效果。常见药物有苯酚、复合酚、煤酚等。

2. 醛类　醛类消毒剂通过使菌体蛋白变性，酶和核酸功能发生改变而杀灭芽孢、真菌、细菌、病毒等。主要用于环境消毒及鸡舍熏蒸消毒，常见药物有福尔马林溶液、聚甲醛、戊二醛等。

3. 碱类 常见碱类消毒药有：生石灰、氢氧化钠（火碱）、草木灰等，主要用于空圈舍的地面、墙壁、笼具及养殖场内路面消毒。对细菌、病毒的杀灭作用均强，高浓度杀死芽孢。对铝制品、纤维织物有损坏作用。

4. 卤素类 卤素类包括氯制剂和碘制剂。通过与细菌原生质等结构成分有高度的亲和力，易渗入菌体细胞内的特性，与菌体原浆蛋白的氨基或其他基团相结合，使菌体有机物分解或丧失功能而呈现杀菌作用。该类消毒剂物美价廉、高效广谱，主要用于环境、饮水、皮肤黏膜消毒等。

5. 季铵盐类 季铵盐类消毒剂中的阳离子吸附带负电的细菌体，在细胞壁上产生室阻效应，导致细菌生长受抑而死亡；同时该消毒剂结构中的烷基与细菌的亲水基作用，改变膜的通透性，破坏细胞结构发生溶胞作用，引起细胞的溶解和死亡。该类消毒剂具有高效、低毒、化学性能稳定、不易受 pH 变化影响的特点，但长期使用，易产生抗药性。常见药物有苯扎溴铵（新洁尔灭）、氯己定（洗必泰）、癸甲溴铵溶液（百毒杀）等。

常用消毒剂见表 8-1。

表 8-1 常用消毒剂的种类与用法

消毒剂	性　质	用　法
煤酚皂（来苏儿）	无色，见光和空气变为深褐色，与水混合呈油乳状	1%～2%溶液用于体表、手术器械消毒；5%溶液用于环境污物消毒
苯酚（石炭酸）	白色晶体，易溶于弱碱性水	2%用于皮肤消毒；3%～5%用于环境消毒
福尔马林溶液（含36%～40%甲醛）	无色有刺激性气味液体，有毒	1%～2%溶液用于环境消毒；通常与高锰酸钾配合进行熏蒸消毒，比例为：福尔马林 14 mL/m³ ＋ 高锰酸钾 7 g/m³。每 20 m² 放置一反应容器，将甲醛倒入装有高锰酸钾的瓷制容器中，密闭鸡舍即可
戊二醛	无色油状液体，有甲醛味	有强大的杀菌作用。配成 2%水溶液用于消毒，通常用 0.3%碳酸钠溶液调整其 pH 为 7.5～8.7 使用
聚甲醛	甲醛的聚合物，白色粉末加热可释放甲醛气体	加热至 80～100 ℃时产生的甲醛气体呈现强大杀菌作用。主要用于熏蒸消毒

（续）

消毒剂	性 质	用 法
氢氧化钠（火碱）	白色固体，易潮解；对动物体及金属有腐蚀性	2%～4%用于细菌、病毒的消毒，4%～5%溶液45 min可杀死芽孢。主要用于空圈舍地面消毒，消毒6 h后用清水冲洗
氧化钙（生石灰）	白色块状，易吸水，与水作用生成氢氧化钙起消毒作用	主要用于场内路面、沟渠、粪尿，圈舍墙壁的消毒，通常配10%～20%石灰乳效果好。也可撒在潮湿的地面上
聚维酮碘	深红棕色，易溶于水；对皮肤、黏膜无刺激性；在酸性环境中杀菌能力更强	1∶400用于带鸡环境喷雾、种蛋消毒；1∶800可用于饮水消毒
漂白粉	白色粉末，有氯嗅味，久置空气中易失效	5%～20%的悬液用于环境消毒，饮水消毒每50 L水加本品1 g；1%～5%的澄清液可消毒食槽；要现配现用
苯扎溴铵（新洁尔灭）	无色或淡黄色透明液体，易溶于水，稳定耐热	对革兰阴性菌的杀灭效果较阳性菌强。0.1%用于外科器械和皮肤消毒；1%用于手术部位消毒
癸甲溴铵	微黄色液体，易溶于水，安全、无毒、无害；消毒效果强，应用范围广	主要用于养殖场场地、用具消毒。1∶600用于鸡舍或带鸡消毒；1∶2 000可长期用于饮水消毒
高锰酸钾	紫黑色晶状粉末、无臭，易溶于水	0.1%溶液可用于体表、黏膜、饮水消毒
过氧乙酸	无色透明酸性液体，易挥发，对皮肤、黏膜有腐蚀性	对细菌病毒的杀灭效果好；0.5%～5%用于环境消毒；0.1%～0.5%擦拭物品表面

三、鸡场消毒范围及操作要求

鸡场卫生消毒是一项重要的日常管理工作，其消毒范围包括养殖场的环境、鸡舍、设备用具、人员及运输车辆等。

（一）鸡舍消毒

鸡舍消毒是指对空鸡舍的消毒，包括房舍、设备、器具的清理、打扫、冲洗、消毒。其具体操作如下。

1. 清理器具　将可移动的工具如运料车、鸡笼垫网等用具搬出舍外指定地点进行清洗、晾晒、消毒。

2. 鸡舍清理　先清理鸡舍内鸡粪，再将鸡笼、鸡架、墙壁、地面进行彻底清扫。

3. 冲洗　用高压水枪对鸡舍各角落进行冲洗。此过程要注意鸡舍内用电安全。

4. 相关器具复位　待鸡舍内晾干后，将移出器具重新搬至舍内。

5. 喷洒消毒　喷洒的顺序依次为：地面、顶棚、墙壁、鸡笼、设备、地面。

6. 熏蒸消毒　封闭门窗、通风孔，按照表 8-1 中福尔马林的用法进行，用福尔马林与高锰酸钾熏蒸消毒。要求舍内温度高于 20 ℃，相对湿度为 70%，熏蒸 24 h 以后，开窗通风 1 周。

鸡舍的消毒必须在鸡舍清空后立即进行相关的消毒工作，进鸡前半个月再用福尔马林溶液与高锰酸钾溶液密封熏蒸消毒。

（二）器具消毒

（1）所有舍内可移动器具在指定地点冲刷洗净，晾干后用 0.1% 的新洁尔灭刷洗消毒，待鸡舍熏蒸消毒前放入鸡舍一并熏蒸。

（2）蛋箱、蛋托、运鸡笼等用具用 2% 的氢氧化钠溶液浸泡消毒后，用清水冲洗，晾干后备用。

（三）环境消毒

1. 消毒池　鸡场入口处消毒池，内置 2% 氢氧化钠溶液或 0.2% 的新洁尔灭，消毒液深度不小于 15 cm，并配置低压消毒器械，对进场车辆进行消毒。消毒池 2~3 d 更换一次消毒液，并保持其有效浓度。鸡舍入口处的消毒池使用 2% 氢氧化钠溶液或 0.2% 的新洁尔灭。进场和进舍人员脚踏消毒液时间至少 15 s。

2. 场区道路　生产区道路及鸡舍外环境可用 10% 漂白粉或复合酚，每周喷洒消毒至少 2 次，选在中午阳光充足时间进行。

3. 带鸡消毒　带鸡消毒多采用喷雾消毒方式进行，选择对鸡无害消毒药如戊二醛、癸甲溴铵等。每立方米空间的药物用量为 60~180 mL，每周喷洒

3～5次，当鸡群发生疫情时可每天 1～2 次。带鸡消毒时要应关闭门窗和风机，消毒 30 min 后再打开。对雏鸡喷雾时，药物溶液的温度要比育雏舍温度高 3～4 ℃。

4. 鸡舍外空地消毒　鸡舍外空地要对其进行耕翻，用火焰消除有机质，定期撒生石灰，防止蚊虫滋生。

（四）人员消毒

1. 外来人员　严禁外来人员进入生产区，经批准后按消毒程序严格消毒后才可入内。

2. 饲养员及场内工作人员　进入生产区须经踏踩消毒垫消毒，经超声波气雾消毒机消毒后，洗澡，更换专用工作服、胶鞋经过消毒通道，方可进入。进出不同圈舍时应换穿不同的橡胶长靴，对全身进行喷雾消毒，洗手后方可进入。

（五）种蛋消毒

种蛋的消毒在集蛋后、储存前、入孵前、出壳前均用 0.2％新洁尔灭清洗消毒；收入仓库或孵化室用甲醛熏蒸消毒。

（六）车辆消毒

车辆消毒可用 10％的漂白粉对车辆进行喷洒消毒，尤其注意底盘的消毒。

第三节　固始鸡的免疫

一、免疫原则

（1）严格执行政府强制免疫计划和实施方案，严格按规定做好强制免疫病种及其他疫病的免疫工作，确保免疫密度和质量达到国家规定标准。

（2）遵守国家关于生物安全管理规定，使用来自合法渠道的合格疫苗产品。

（3）严格按规定和疫苗说明书分类保管、储藏、规范管理疫苗。失效、废弃或残余疫苗以及使用过的疫苗瓶一律按规定无害化处理，不乱丢弃疫苗及疫苗包装物。

（4）落实养殖场按程序自主实施免疫制度，按需领用国家免费强制免疫疫苗。

（5）根据本场实际，制定科学合理的免疫程序，并严格遵守，做好疫病的免疫接种工作。严格按免疫操作规程、免疫程序实施免疫，免疫途径、部位、剂量等操作正确，确保有效性。认真做好免疫各环节的消毒工作，防止带毒或交叉感染。

（6）定期对主要病种进行免疫抗体监测，落实补免措施，确保防疫质量。按监测结果及时改进免疫计划，完善免疫程序，使本场的免疫工作更科学更实效。

（7）按规定做好免疫记录。

（8）接受动物卫生监督机构的监管。

二、常用疫苗的种类与选择

疫苗的应用使得动物获得对某种动物疫病产生特异性的抵抗力，在保护易感动物方面起着十分重要的作用。当前除应用广泛的活疫苗、灭活疫苗外，还有人工合成的多肽疫苗，如口蹄疫多肽疫苗已被成功地应用于生产中。此外，随着现代生物技术的兴起，人们又开启了基因工程疫苗研究之门。在家禽养殖当中，活疫苗及灭活疫苗应用最为广泛。

（一）活疫苗

活疫苗主要有弱毒疫苗和异源疫苗两种。

1. 弱毒疫苗　弱毒疫苗是当前生产中应用最为广泛的疫苗种类。弱毒疫苗毒株主要为天然弱毒株或利用人工的方法将强毒致弱后而得到的。虽然弱毒疫苗的毒力致弱或丧失，但其仍然保持原有强毒株的抗原性和免疫原性，并能在动物体内繁殖，刺激机体产生坚实的免疫力。有些弱毒疫苗还可刺激机体免疫细胞产生干扰素，对其他强毒感染也起着非特异性保护作用。弱毒疫苗有很多优点，但其存储和运输不便、保存期短。尽管将其制成冻干疫苗延长了保存期，但有些生产中应用较好的疫苗，如鸡马立克病疫苗还未能很好地解决其冻干问题，而需要在液氮中保存，因此在一定程度上影响了该疫苗的应用范围。

2. 异源疫苗　异源疫苗是利用具有共同保护性抗原不同种微生物菌（毒）

株制备而成的疫苗，通过免疫产生交叉保护性抗体实现对易感群体的保护。例如，用鸽痘病毒预防鸡痘，火鸡疱疹病毒接种预防马立克病。

在活疫苗使用过程中要注意因疫苗的污染问题而人为传播疫病。如近年一些国家流行的禽网状内皮增生病毒的感染是由于使用污染的马立克病疫苗带入的。因此，在活疫苗的生产过程中，应使用 SPF 鸡胚或洁净细胞，杜绝病原体对疫苗的污染。

（二）灭活疫苗

利用物理或化学的方法将病原微生物灭活丧失致病力，保留其抗原性，接种动物后能针对该病原微生物产生特异性抵抗力。由于灭活疫苗不能在动物体内繁殖，因此使用剂量大，在制作时需要加入佐剂以增强其免疫效力。当前常见的灭活苗有组织灭活疫苗、油佐剂灭活疫苗、氢氧化铝灭活疫苗等。

1. 组织灭活疫苗　常见有病变组织灭活疫苗和鸡胚组织灭活疫苗。病变组织灭活疫苗又称自家疫苗，只用于本场发病，尤其是对病原不确定或目前尚无疫苗可用的疫病有较好控制作用，如使用巴氏杆菌自家疫苗有时能取得非常理想的效果。

2. 油佐剂灭活疫苗　是用灭活抗原与矿物油为佐剂混合后，加入乳化剂、稳定剂后进行乳化而制成的。油佐剂灭活疫苗可分为以油包水乳剂形式的单相疫苗和以水包油包水乳剂形式的双相疫苗。该类疫苗的免疫效果较好，免疫期较长，目前在生产中得到广泛的应用。

3. 氢氧化铝灭活疫苗　是将灭活抗原加入氢氧化铝胶体中制成的。该疫苗制备方便，免疫效果好，但其难以吸收，易形成结节而影响肉品的品质。

灭活疫苗因含有灭活剂，不易污染而易于保存；但其免疫效果较活疫苗差，且免疫剂量大，注射次数多，免疫后不良反应也较大。

（三）疫苗的选择

当前疫苗种类众多，同一种疫苗的生产厂家多，因此疫苗的选择性很强。在疫苗选择时首先要了解疫苗的性质、用法、接种途径，在合理的免疫程序下，发挥疫苗最大的免疫效力。如弱毒疫苗因其产生免疫快，免疫效力好，一般需要 4～7 d 可产生免疫抗体，免疫途径多，用量小且操作方便，可用于紧急预防；但其抗体维持时间短，易受机体内原有抗体的干扰，且易引起呼吸道反应，有时还影响产蛋。灭活疫苗安全、不存在散毒的危险，便于贮存和运输，受母源抗体的影响小，产生抗体水平高；但其不产生局部免疫，引起细胞介导免疫的能力较弱，免疫力产生较慢，通常在接种 2 周后才能获得良好的免疫力。在实际生产中将灭活疫苗与活疫苗结合使用往往可以收到理想的效果，用活疫苗做基础免疫，用灭活苗做加强免疫效果比较理想。如何在众多疫苗中选择合适的疫苗，须遵循以下原则：

（1）依据当地流行传染病的种类、流行毒株血清型，选择与之相匹配的毒株疫苗。

（2）依据传染病流行情况、生产实际，选择低、中、强毒力弱毒株或灭活疫苗。

（3）要在动物防疫部门或生物药厂购买，选择有信誉的厂家生产的、有批准文号的、质量有保障的疫苗。

三、免疫程序的制定

养殖场根据当前疫病发生情况及疫苗的特点来设计免疫接种疫苗的种类、免疫次数、免疫时间和使用顺序，这就是免疫程序。免疫程序不是一成不变，而是动态的，随着疫病流行情况、季节变化、地域的气候、生产需求等因素变化而改变。科学合理的免疫程序是疫苗发挥免疫效力，使动物产生坚强免疫力的根本保证。养殖场要在免疫学基本理论的指导下，结合本场实际情况，制定适合本场的免疫程序。设计免疫程序的主要依据有以下几个方面。

（一）当地疫病流行情况

根据流行病学调查结果，了解当地及周边流行疫病种类及疫病流行的范围、特点（发病率、死亡率、发病日龄、发病季节等），制订本场的免疫计划。同时，结合本场发病史，合理选择疫苗，确定免疫对象、接种时间。

（二）机体内抗体水平高低

动物体抗体水平与免疫效果有直接的关系。当抗体水平高时，接种疫苗会被体内抗体中和达不到理想的免疫效果。如高水平的母源抗体对马立克病、新城疫和传染性法氏囊病等疫苗产生干扰，因此在疫苗的选择、首免时间安排都要认真考虑。

（三）生产需求

不同的生产需求，使得不同鸡群的免疫程序不同。如种鸡群生产周期长，为子代提供高水平的母源抗体，显然一次免疫远不能够提供长期持久的免疫力，因此需要多次免疫。而对商品蛋鸡则不用考虑母源抗体，可相对减少免疫次数，避免造成机体免疫资源浪费。

一些肉鸡的生产周期短，7～10日龄使用禽流感油疫苗免疫即可，但油疫苗吸收相对慢，会影响鸡肉品质，也可选用新城疫禽流感重组疫苗分别在7日龄、21日龄进行2次免疫。因此，免疫程序的制定要与生产需求的实际相结合。

（四）疫病发生的特点

不同疫病有其发生规律性的特点，有些疫病发生具有一定季节性，如鸡痘在夏季蚊虫多时高发，新城疫一年四季均可发生，对各种日龄鸡群均具有致病性；有些对特定日龄的动物具有危害性，如鸡传染性法氏囊病主要危害3～5周龄的鸡群。因此，免疫程序的制定考虑疫病发生的季节、日龄等因素。

（五）疫苗的类型

不同类型的疫苗其免疫途径、免疫功能、免疫期、免疫效果等均不同。因此，设计疫苗免疫程序时应根据疫苗性质选用合理的疫苗类型，科学搭配，通过正确免疫途径以刺激机体产生持久坚强的免疫力。

如新城疫Ⅳ系弱毒疫苗产生免疫快、免疫方法灵活等，可用于紧急免疫，也可作为基础免疫。作为首次基础免疫，既可引起体液免疫应答，又可引起细胞免疫应答，还可激发局部免疫作用。尽管灭活疫苗产生免疫力较慢，但与弱毒疫苗共同免疫后，其免疫力强，维持时间长。

（六）其他因素

疫苗间的相互干扰，不同种类、不同品种家禽对某些疾病抗病力的差异等也是设计免疫程序的重要依据。避免两种及两种以上的疫苗在同一天接种产生干扰，如免疫新城疫弱毒疫苗后，紧接免疫鸡传染性支气管炎或传染性法氏囊病疫苗，这样会干扰新城疫疫苗的免疫效果；一个免疫程序实施一段时间后，根据免疫效果、监测结果实行优化调整。

固始鸡核心群免疫程序如表 8-2 所示。

表 8-2　固始鸡核心群参考免疫程序

免疫日龄	接种疫苗	接种途径/部位	接种剂量
1	液氮马立克病（CVI988）＋法氏囊病	颈部皮下注射	各 1 头份，混合
	新城疫和支气管炎（VG/GA＋H120）	喷雾	1 头份
	新城疫、支气管炎和流感 H9（Lasota＋LDT3＋SS）	颈部皮下注射	0.5 头份
10	新城疫、支气管炎（Lasota＋H120＋LDT3）	滴眼、鼻	1 头份
15	禽流感 H5 油疫苗（Re-6＼-8＼-10）	肌内注射	0.6 头份
22	鸡痘	翼膜刺种	1 头份
	新城疫、支气管炎（Lasota＋H120＋LDT3）	滴眼、鼻	1 头份
30	喉气管炎	点眼	1 头份
40	传染性鼻炎（A＋B＋C）	肌内浅层或颈皮下注射	1 头份
	禽流感 H5（Re-6＼-8＼-10）	肌内注射	1 头份
60	新城疫、流感 H9（Lasota＋ss）	肌内注射	1 头份
	新城疫、支气管炎（Lasota＋H120＋LDT3）	滴眼、鼻	1 头份
80	喉气管炎	点眼	1 头份
100	脑脊髓炎和鸡痘	翼膜刺种	1 头份
110	传染性鼻炎（A＋B＋C）	肌内浅层或颈皮下注射	1 头份
120	新城疫、流感 H9（Lasota＋ss）	肌内注射	1 头份
	新城疫、支气管炎（Lasota＋H120＋LDT3）	滴眼、鼻	1 头份
130	禽流感 H5（Re-6＼-8＼-10）	肌内注射或皮下注射	1.5 头份
140	新城疫、支气管炎和减蛋综合征（Lasota＋麻41＋HP）	肌内注射	1.5 头份
150	禽流感 H5（Re-6＼-8＼-10）	肌内注射或皮下注射	1.5 头份
以后	要依据抗体水平和抗体均匀度适时加强免疫		

四、鸡群免疫接种方法及注意事项

每种疫苗都有其特定的免疫程序和免疫效力，要使疫苗产生预期的免疫效果，必须了解疫苗的正确使用方法，选择最佳的免疫途径，以发挥疫苗的最佳免疫效力。选择哪种免疫途径，应根据疫苗要求、鸡群的生产阶段、生产性能、饲养状况等而定。

（一）鸡群免疫接种方法

常见的免疫接种方法有：饮水免疫法，气雾免疫法，滴鼻、点眼法，注射免疫法，刺种法及涂肛法等。

1. 饮水免疫法　根据鸡群的饮水量计算稀释疫苗用水量，将疫苗按照 3 倍量溶于水中，混匀后供鸡群自由饮用，要求在 2 h 内饮完。该方法对鸡群应激小，省时省力且操作简便。但鸡只饮入疫苗量不一，免疫效果参差不齐，易造成疫苗浪费。饮水免疫时应注意以下问题。

（1）疫苗稀释用水量要适当，根据饮水量计算出来的用水量要适当加大（约为正常饮水量的 120％）。

（2）疫苗稀释用水可用深井水、凉开水或蒸馏水，禁止使用导致病苗失活含消毒剂的自来水。可在饮水中加入 0.1％ 的脱脂奶粉保护疫苗。

（3）饮水免疫时会损失一部分疫苗，须加大疫苗使用剂量。通常为疫苗的 2～4 倍剂量。

（4）饮水口服疫苗必须在 2 h 内完成。为使鸡群尽快而又均匀地饮用疫苗，可在使用疫苗前停止供水 2～4 h（夏季可适当缩短控水时间）。

（5）在免疫前后的 2～3 d 内，饮水中不使用消毒药。

（6）注意选择合适疫苗的稀释器具，避免使用金属器具导致疫苗失活。可选用塑料或搪瓷制品。

2. 气雾免疫法　利用气雾发生器将稀释的疫苗喷射出去，使鸡群在形成的雾化区域内通过呼吸道吸入雾化疫苗，达到免疫的目的。气雾免疫能在鸡只气管、支气管表面形成黏膜免疫，有效地预防病原从呼吸道入侵机体。该方法省时省力，对呼吸道有亲嗜性的疫苗效果极佳，如新城疫疫苗、传染性支气管炎疫苗等。但该方法对鸡群造成的应激大，会加重一些呼吸系统疾病，如由大肠杆菌引起的气管炎等。气雾免疫法应注意以下问题。

（1）疫苗稀释用水可用深井水、凉开水或蒸馏水，不使用自来水及含盐稀释液。同时可加入 0.1％ 的脱脂奶粉保护疫苗。

（2）为保证鸡只吸入足够量的疫苗，疫苗剂量需加倍。

（3）雾粒大小要适中，雾粒过大在空中停留时间短，鸡只吸入量不足；过小易被鸡只呼出，影响免疫效果。一般雏鸡要求雾粒直径 50 μm 以上，成鸡要求雾粒 5～20 μm。

（4）气雾免疫时，舍温要保持在 20 ℃左右，湿度在 70％以上，以免雾滴蒸发过快。同时要密闭鸡舍，减少空气流动。

（5）在气雾免疫之前要做好鸡群抗应激工作，如在免疫前后使用抗应激药物、添加抗生素防止气囊炎发生。

3. 滴鼻、点眼法　通过滴鼻、点眼方式使疫苗通过呼吸道黏膜吸收，刺激机体产生局部免疫或全身产生抗体。主要用于雏鸡的弱毒活疫苗的免疫，可避免母源抗体的干扰。如新城疫Ⅳ疫苗、传染性支气管炎疫苗等的首免接种可用此法。该法免疫效果好，但要求操作人员操作熟练、迅速，防止漏滴和鸡只甩头造成的接种量不足。

4. 注射免疫接种法　注射免疫接种疫苗产生抗体快，效果好。可分为皮下注射和肌内注射两种方法。皮下注射接种主要适用于 1 日龄马立克病弱毒疫苗及小龄灭活疫苗的接种。其操作为：将颈背部皮肤提起后，针头刺入皮肤与肌肉之间注入疫苗液。肌内注射适用于油乳剂或氢氧化铝佐剂疫苗接种，注射部位常为胸肌、腿肌或肩关节附近肌肉。肌内注射胸肌时应注意入针角度，防止刺入内脏和胸腔，注射腿肌避免刺伤腿部神经。同时，刺入肌肉后缓缓注入疫苗，防止疫苗液沿针孔漏出体外。

5. 刺种法、涂肛法　刺种法主要用于鸡痘疫苗接种，刺种部位为鸡翅内侧无血管处的翼膜内，要确保每只鸡接种到足量的疫苗。涂肛法仅用于传染性喉气管炎的强毒型疫苗的接种。

（二）免疫注意事项

为避免免疫失败，在疫苗的使用过程中需注意以下事项。

1. 鸡群的健康状况　在鸡群的健康状况良好的情况下进行免疫。当鸡群处于应激或患病状态下免疫效果差，接种后产生抗体水平低，产生不良反应甚至诱发疫病发生。

2. 添加抗应激药物　在免疫前 1 d、当天及后 1 d，鸡群可使用电解多维，缓解应激反应。

3. 禁用消毒药及抗生素　在免疫的前 3 d、当天及后 3 d，禁止使用消毒药及抗生素，以免影响免疫效果。

4. 疫苗的使用　灭活疫苗使用前要恢复室温，以免注入疫苗温度过低而造成应激；活疫苗随用随稀释，在规定时间内用完，避免高温及阳光直射。

5. 消毒及无害化处理　免疫接种时要注意消毒，避免交叉感染。同时在接种结束后，把所用器具、疫苗瓶及未用完的疫苗进行无害化处理。

6. 鸡群应激反应　疫苗接种后应注意鸡群的状况，对出现的应激反应要及时进行对症处理。

7. 做好详细的免疫记录　记录要详细、准确，内容包括：接种日期、疫苗名称、类型、生产厂家、批号、有效期、免疫途径、鸡群日龄、品种、数量等。

五、免疫效果的评价

免疫接种的目的是增强易感动物对疫病的抵抗力，免疫效果如何，是否达到抗病的目的，这需要对免疫效果进行评价。免疫效果评价的方法有动物流行病学评价、血清学监测评价及攻毒试验。

（一）动物流行病学评价

通过对免疫动物与非免疫动物的生长表现、生产性能、发病率、病死率等临床指标进行统计分析比较，来评价疫苗的免疫效果。常用的评价指标有效果指数和保护率。效果指数＝对照组患病率/免疫组患病率；保护率＝（对照组患病率－免疫组患病率)/免疫组患病率。

同样可使用该种方法对同一种疫病的不同类型的疫苗、不同厂家的同一种疫苗进行统计分析，评价疫苗的免疫效果。

（二）血清学监测评价

血清学监测是疫苗免疫效果评价最实用的方法。主要对免疫动物血清中的抗体水平进行监测，群体免疫抗体水平是否在免疫保护线（保护性抗体临界值）以上作为依据。该方法常用的衡量指标有抗体转阳率和抗体的几何平均滴度。抗体转阳率，即被接种动物免疫抗体转化为监测阳性所占的比例，是衡量疫苗免疫效果的重要指标之一。通过比较免疫前后血清抗体的几何平均滴度的提升幅度及其持续时间来评价疫苗的免疫效果。如在新城疫疫苗免疫后4个月时，有70％以上的鸡群血清抗体滴度达到2log2以上即为免疫效果良好。

常用的血清学检测方法有红细胞凝集抑制试验、琼脂扩散试验、中和试验和酶联免疫吸附试验（Enzyme - Linked Immunosorbent Assays，ELISA）等。抽检鸡只的样品数一般为群（栏、舍）总数的 2%，但不得少于 30 份。监测时间和次数可根据实际而定，一般首次检测在接种后 14～21 d，以后每隔 1～3个月检测 1 次。对于免疫后家禽抗体滴度的要求，养禽场可根据资料及本场情况，确定主要传染病的最低抗体要求。对被检样品的抗体滴度，既要看几何平均值，也要看低于最低保护滴度以下的数量，即使平均滴度比较高，但仍有一定比例的被检血清滴度低于临界保护滴度时，则必须进行加强免疫接种。

（三）攻毒试验

在疫苗研制过程中，可采用实验室内攻毒保护试验监测免疫效果。通过攻毒试验确定疫苗的保护率、产生免疫力的时间、免疫保护期及产生保护性抗体的临界值。通常实验室内攻毒试验，被检测的家禽最少不得少于 10 只，最好30 只以上。用半数致死量的强毒，通过最敏感的接种途径攻毒，攻毒后观察10～14 d，统计发病数和死亡数，能客观准确地评价免疫效果。

第四节　固始鸡主要疾病防治技术

一、主要疾病净化

（一）禽白血病

禽白血病（Avian leukosis，AL）是由禽白血病/肉瘤病毒群中的病毒引起的多种肿瘤性疾病的统称，主要是淋巴细胞性白血病，其次是成红细胞性白血病、成髓细胞性白血病。在自然条件下，外源性禽白血病病毒的 A、B、C、D、J 亚群可引起骨髓细胞瘤、结缔组织瘤、上皮肿瘤、内皮肿瘤等肿瘤性疾病。当前临床检测较多的为 A、B 亚群多引起淋巴细胞性白血病，J 亚群病毒引起骨髓细胞瘤和血管瘤白血病。

1. 流行特点　鸡是本病的自然宿主。不同品种或品系的鸡对病毒的感染和肿瘤的抵抗力差异大，如白羽肉鸡较易感。

外源性禽白血病病毒（ALV）传播方式有两种：通过种蛋的垂直传播和通过直接间接接触的水平传播。因垂直传播雏鸡带毒产生免疫耐受，而不产生ALV 抗体，长期排毒成为重要的传染源。水平传播相对缓慢，但在 2 周龄以内的雏鸡相互水平传播的速度快。

2. 症状与病理变化　病鸡主要表现消瘦、胸骨变形、衰弱，鸡冠苍白、皱缩，腹部肿大有腹水。部分鸡只脚趾、胸部皮肤有米粒大小不等的血疱，或形成皮下血肿，破溃后血流不止。死亡鸡只剖检后，肝脏、脾脏有灰白色的肿瘤结节，肝脏、脾脏肿大，肝脏易破裂，形成大量腹水。部分鸡只卵巢出现灰白色菜花样肿瘤，输卵管出血坏死，形成血凝块。

3. 预防与控制　对于本病的防治无有效药物。由于该病垂直传播的特征，子代鸡群易形成免疫耐受而发生传染病，故疫苗免疫对其防治意义不大，目前也无可用疫苗。对种鸡群净化建立无白血病种群是防制本病的最有效措施。当前固始鸡原种净化程序如下：

（1）公鸡　在1日龄以家系为单位采集胎粪进行禽白血病 p27 抗原检测，12周龄采集血液进行血毒中 p27 抗原检测，在用于生产配种前采集精液及血液进行 p27 抗原普检。淘汰阳性鸡及可疑鸡，检测阴性鸡留种用。

（2）母鸡　在1日龄以家系为单位采集胎粪进行禽白血病 p27 抗原检测，12周龄采集血液进行 p27 抗原检测，27周龄、42周龄全群采集蛋清样品进行 p27 抗原普检，并随机抽检 A－B 亚群、J 亚群抗体。按上述日龄检测后，淘汰阳性鸡及可疑鸡，隔离观察同群阴性鸡，并做好日常监测。在组建家系进行下一世代纯繁前，对母鸡蛋清采样普检。

在按上述程序执行的同时，对于种鸡场所使用的疫苗，尤其是活苗进行禽白血病检测。方法为接种禽白血病净化的阴性鸡只，在活苗免疫后检测血液中的 p27 抗原及血清中 A－B 亚群、J 亚群抗体。

（二）鸡白痢

鸡白痢（Pullorum disease）是由鸡白痢沙门氏菌引起的鸡或火鸡等禽类的传染病，世界各地均有发生，是严重危害养鸡业的疾病之一。

1. 流行特点　各品种的鸡对该病均易感，一般3周龄内雏鸡发病率、病死率为最高，呈地方性流行性，成年鸡表现呈慢性经过或隐性带毒。本病的传播以水平传播和垂直传播两种方式为主。

2. 症状与病理变化　种蛋污染在孵化过程中使死胚、病雏、弱雏数量增加，雏鸡腹部偏大，卵黄吸收缓慢。出壳后感染，急性者表现为无症状突然死亡，2～3周达到死亡高峰，稍缓者常见精神不振、翅下垂、扎堆畏寒，排白色或绿色糊状稀粪，后期形成粪便糊肛致使排粪困难，雏鸡尖叫不止。耐过雏鸡多发育不良，成为带毒者。成年鸡无明显症状，鸡冠萎缩，排白色稀粪，部分鸡只腹部肿胀。急性死亡鸡只无明显病变，雏鸡肝脏充血肿大。病程稍长者卵黄吸收不良，卵黄囊内有淡黄油状或干酪样物质。肠道出现卡他性炎症，盲肠膨大。成年鸡表现卵泡变形、变色，形成腹膜炎、心包炎。肝脏肿大、质脆，极易破裂，出现腹水。

3. 预防与控制　对本病预防主要是加强饲养管理，消除发病诱因，保证饲料和饮水的清洁卫生。治疗可分离病原进行药敏试验选择有效的抗生素，如土霉素、氟苯尼考等。防制本病必须严格落实消毒、隔离、检测、药物预防等综合性的防治措施。针对固始鸡原种群实施净化要求如下：

（1）投入品的控制　主要针对鸡场用水、饲料等投入品的监控。每3个月对所用投入品进行一次鸡白痢沙门氏菌病原分离鉴定。对于有污染的水、饲料等采取相应的措施。

（2）净化的程序　种鸡在70日龄时，采血清用平板凝集的方法进行普检。淘汰阳性及可疑鸡，并做好淘汰鸡只接触用具消毒，隔离观察同群阴性鸡；间隔1个月后对隔离阴性鸡群进行普检，淘汰阳性及可疑鸡，阴性鸡继续饲养留做种用。在140日龄时，进行第2次普检。淘汰阳性鸡及可疑鸡，隔离观察同群阴性鸡；间隔1个月对隔离阴性鸡群进行普检，淘汰阳性鸡、可疑鸡及其所产种蛋，阴性鸡继续饲养留做种用。按上述日龄连续两次检测均为阴性的鸡群，间隔1个月按全群1%的比例进行抽检；若无阳性鸡，则以后每2个月按鸡群1%的比例抽检。

（三）新城疫

新城疫（Newcastle disease，ND）是由副黏病毒科、腮腺炎病毒属的禽副黏病毒Ⅰ型引起的鸡与火鸡急性高度接触性传染病。主要表现呼吸道症状，同时伴有神经症状、下痢、黏膜和浆膜出血。

1. 流行特点　鸡、火鸡、鸭、鹌鹑等多种家禽及野禽均易感，以鸡最为易感。各种年龄的鸡，易感性也有差异，雏鸡的易感性较高。传染原为病鸡、流行间歇期的带毒鸡及其粪便和口、鼻、眼分泌物，主要通过呼吸道、消化道传播。一年四季均可发病，多发于春秋季节。

2. 症状与病理变化　病鸡表现呼吸困难、体温升高、精神沉郁、食欲下降，拉黄绿色或黄白色稀粪，蛋鸡产蛋率下降。发病后期可出现各种神经症状，动作失调、反复发作，最终瘫痪或半瘫痪。剖检主要表现为全黏膜和浆膜出血；喉头、气管黏膜充血、出血；肺可见瘀血水肿；腺胃水肿，乳头和乳头间有出血点，十二指肠和直肠黏膜出血，盲肠扁桃体肿大、出血；脑膜充血、出血。

3. 预防与控制　对于本病的发生无可用药物治疗，主要使用疫苗进行免疫或紧急免疫。当前可选择的新城疫疫苗众多，免疫技术成熟。该病的防控主要是做好养殖场生物安全，避开母源抗体对疫苗的影响，定期进行免疫抗体及新城疫病原学监测，实行免疫无疫净化。

固始鸡的新城疫净化：分别在 110 日龄、170 日龄采集血清样品及喉头、泄殖腔拭子进行血清学免疫抗体及病原学检测。具体抽样标准按无疫公式计算（95％置信度，1％预期流行率，随机抽样进行检测）。根据每次检测结果进行相应扑杀/隔离、免疫，连续两次病原学检测均为鸡新城疫假定阴性的群体，间隔 1 个月后按全群 0.5％的比例抽检血清及喉头、泄殖腔拭子（每群体 30份）进行血清学检测及病原学 RT - PCR 检测，对病原学阴性、血清学检测群体免疫抗体合格率≥90％（HI 效价平均滴度≥6log2，群体免疫抗体合格率≥80％）继续留做种用。

（四）禽流感

禽流感（Avian influenza，AI）是禽流行性感冒的简称，它是由 A 型流感病毒引起的一种从呼吸系统到严重全身败血症等多种症状的传染病。根据禽流感病毒外膜两种突起物血凝素（HA）和神经氨酸酶（NA）蛋白抗原性的不同，使得该病毒存在多个不同的亚型。禽流感病毒毒力存在差异，不同亚型的毒株、同一亚型不同毒株对禽的致病性不一。因此，禽流感可分为非致病性禽流感、低致病性禽流感与高致病性禽流感。由于禽流感病毒容易产生重组变异，低致病性毒株可转化成高致病性毒株。目前发现的部分 H5、H7 亚型禽流感属高致病性禽流感，能引起禽类的烈性传染病，被世界动物卫生组织（OIE）列为必须报告的动物传染病，我国也将其列为一类动物疫病。

1. 流行特点　A 型流感病毒可感染禽类及猪、马和人类等多种哺乳动物，发病快、传播迅速，呈流行性或大流行性。在水禽及野禽中部分病毒隐性感染不表现临床症状，为流感病毒天然存储库。病死及带毒禽类是其重要传染源。该病可通过消化道、呼吸道黏膜接触污物、空气飞沫等水平传播。该病潜伏期为几小时到 5 d，一年四季均可发生，但以冬春季节为主。

2. 症状与病理变化　高致病性禽流感病毒感染后鸡群多为急性经过，传播快，采食量明显下降，精神沉郁，扎堆怕冷，体温升高，流泪结膜炎。随病程推进病鸡主要表现为头部肿胀、冠髯坏死发黑，眼结膜潮红、水肿，呼吸困难带呼吸音，下痢，鸡只脚鳞片出血发紫。急性死亡，死亡率达到 100%。少数耐过鸡只表现为转圈、扭颈等神经症状。

死亡鸡只剖检病变，主要为全身性出血病变：喉头气管出血，心肌坏死、脂肪出血，腺胃乳头、腺胃与肌胃交界肌胃角质膜下出血，小肠黏膜有大片出血，胰腺出血。

3. 预防与控制　对本病治疗目前尚无特效药物及有效方法。对发病禽划分疫点疫区采取拔点灭源、紧急免疫接种及疫情预警监测。对于易感禽群，做好生物安全防护的同时，做好不同流行毒株疫苗的免疫接种。

对于固始鸡原种各核心种群实行免疫接种，达到免疫无疫的净化状态。固始鸡核心种群净化按照固始鸡核心种群的免疫程序进行禽流感疫苗免疫，分别在免疫后的 21 d 采血进行免疫抗体监测，保证 HI 效价平均滴度≥7log2，群体免疫抗体合格率≥90%。同时在 85 日龄、150 日龄采集喉头、泄殖腔拭子进行 H5、H7 亚型禽流感病原学检测，根据检测结果进行相应扑杀/隔离、免疫，连续两次病原学检测均为高致病性禽流感阴性，且免疫抗体水平高的群体作为种用。间隔 1 个月后按全群 0.5% 的比例抽检血样，每群体 30 份喉头、泄殖腔拭子分别进行血清学检测及病原学 RT-PCR 检测，保持高抗体水平的核心群体病原学阴性。

二、常见病防治

(一) 鸡支原体病

鸡支原体病（Mycoplasma gallisepticum，MG），主要包括鸡慢性呼吸道病和传染性滑膜炎。该病分布广泛，隐性感染病程长，病鸡表现饲料报酬率降低、生长缓慢、产蛋率下降等。

1. 鸡慢性呼吸道病　各日龄鸡均易感，以 4～8 周龄最易感。主要通过呼吸道、消化道、交配、垂直传播。主要特征为咳嗽、流鼻、呼吸道啰音、张口呼吸。该病发病快、死亡率低、传播慢、病程长、易反复，多为隐性感染。鸡与火鸡对 MG 均表现易感，可引起传染性鼻窦炎。

（1）临床症状与剖检变化　鸡败血支原体病最常见的症状表现为呼吸道感染，出现流涕、咳嗽、喷嚏，常有鼻涕堵塞鼻孔，频频甩头，个别鸡只眼内有泡沫分泌物，形成鼻窦炎、结膜炎、气囊炎。剖检主要病变在呼吸道，气管内黏液较多，鼻腔黏膜潮红发炎，有时可见气囊内有泡沫样或干酪样物，后期如继发大肠杆菌病，则会表现为肝周炎、心包炎等；如继发非典型新城疫，则会表现为腺胃乳头稍肿，肠道淋巴滤泡肿胀、出血等。

（2）防治　在该病预防方面主要是加强饲养管理，注意鸡舍的通风、保温、防潮，饲养密度应适宜，保证饲料营养均衡、饮水清洁。因该病可经卵传播，因此对种蛋的消毒是预防本病的重要措施。同时，在育雏期间实行全进全出，空圈用福尔马林溶液熏蒸彻底消毒，并空舍 5～7 d。对本病预防使用疫苗有一定的作用，但没有突破性的进展。

针对该病的治疗主要采用药物控制。由于该病病原容易形成抗药性，因此要确诊后根据药敏试验选择有效的药物进行治疗。常用的药物有：泰乐菌素、大观霉素、红霉素、强力毒素、利高霉素等。在临床上，随着该病病程的推进容易继发其他疾病，如大肠杆菌病，这时要控制大肠杆菌或原发病。

2. 鸡传染性滑膜炎　鸡传染性滑膜炎是由滑膜支原体引起的一种传染性疾病，主要特征为关节滑膜炎和腱鞘炎。该病主要感染 4～6 周龄鸡，主要经垂直传播，呼吸道和直接接触也能传播本病。

（1）临床症状与剖检变化　病鸡主要表现跛行、喜卧、关节肿大变形、足垫肿胀。严重的鸡只鸡冠萎缩、发绀，精神萎靡，排绿色粪便。剖检足关节滑膜囊、腱鞘内有大量的炎性渗出物，病初期为黏稠、灰白色，后期为干酪样渗出物；肝、脾肿大。

（2）防治　对本病预防主要加强平时饲养管理，做好生物安全消毒工作，同时使用相关的疫苗进行免疫接种。治疗可参照慢性呼吸道疾病。

（二）球虫病

球虫病是鸡常见且危害严重的寄生虫病，给养鸡业造成严重的经济损失。主要由柔嫩艾美耳球虫、巨型艾美耳球虫、堆型艾美耳球虫、哈氏艾美耳球虫引起鸡只发病。雏鸡、育成鸡的发病率和致死率均较高。病愈的雏鸡生长受阻，增重缓慢；成年鸡多为带虫者，增重和产蛋能力降低。

1. 临床症状与剖检变化　病鸡精神沉郁，羽毛松乱，头颈卷缩，食欲减退或饮欲增加，鸡冠和可视黏膜贫血、苍白，逐渐消瘦，排泄物呈水样带血或血便。若感染柔嫩艾美耳球虫，盲肠肿大，形成肠芯，开始时粪便呈咖啡色，以后变为完全的血便，如不及时采取措施，致死率可达 50% 以上；巨型艾美耳球虫侵害小肠中段，致使肠壁扩张、增厚，内容物黏稠，混有血肠或血液；堆型艾美耳球虫侵害小肠前段尤其是十二指肠，在小肠前段浆膜面上形成白色小斑点；哈氏艾美耳球虫侵害小肠前段，肠壁呈斑点状出血和坏死，肠内容物黏液增多。若多种球虫混合感染，粪便中带血液，并含有大量脱落的肠黏膜；肠管粗大，肠黏膜上有大量的出血点，肠管中有大量的带有脱落肠上皮细胞的紫黑色物质。

2. 防治

（1）预防　加强饲养管理，保持鸡舍干燥、通风和鸡场卫生，及时清粪，堆肥发酵杀灭卵囊。同时为鸡提供清洁饮水、饲料，对笼具、料槽等用具定期消毒。定期用驱球虫药物进行防治，但要注意有计划地交替使用或联合用药，以免产生耐药性。

（2）治疗　发生球虫病后主要依靠药物治疗。常用抗球虫药有：氨丙啉、氯苯胍、尼卡巴嗪、地克珠利等。氨丙啉可混饲或饮水给药，以 250 mg/kg 的浓度拌料或饮水治疗 1~2 周，预防用量减半连用 3 周，用药期间要注意每千克饲料中的维生素 B_1 含量不超过 10 mg，以免降低其药效。利用氯苯胍治疗可用 70 mg/kg 浓度进行拌料，连用 1 周；预防用量可减半，该药的休药期为 7 d。

对于球虫病的辅助治疗可在饲料中添加硒制剂，以增强鸡体对球虫的抵抗力；同时补充维生素 K 及维生素 A，利于鸡只的恢复。

（三）传染性鼻炎

本病是由鸡副嗜血杆菌引起的一种急性呼吸道传染病，表现为流涕、面部水肿、结膜炎。本病发生于各年龄段的鸡只，尤其老龄鸡，一旦患上此病，往往会殃及整个鸡群。病鸡及隐性带毒鸡是主要传染源，通过飞沫或尘埃经呼吸道、消化道传播。

1. 临床症状与病理变化　初期个别鸡出现呆立、嗜睡、面部肿胀、流鼻涕的症状。3~5 d 遍及全群。后期病鸡精神沉郁，食欲减退或废绝，产蛋率明显下降。主要病变为鼻腔和窦黏膜的卡他性炎症，黏膜充血，形成大量黏液，窦内渗出物后期呈干酪样。

2. 防治　本病的发生与其诱因有关。因此对该病的防治要注意鸡群饲养密度、通风效果、氨气浓度、鸡舍的寒冷潮湿及疫苗应激等条件。定期检查鸡群健康状况，一旦发现有症状的鸡只，及时处理。加强饲养管理，保持鸡舍卫生，定期消毒。此外，接种疫苗可有效预防该病的发生。对于该病的治疗可依据药敏试验选择合适的药物，通常可选用红霉素、土霉素或磺胺类药物。

（四）鸡脂肪肝代谢综合征

鸡脂肪肝出血综合征是由于鸡体内脂肪代谢紊乱导致大量脂肪沉积于肝脏，造成肝细胞和血管壁变脆而发生的肝出血。死亡鸡以腹腔及皮下大量脂肪蓄积，肝被膜下有血凝块为特征。

1. 临床症状与剖检变化　病鸡大多表现精神、食欲良好，但过于肥胖，喜卧，鸡冠肉髯褪色乃至苍白，母鸡产蛋量急剧下降，有些产蛋急停，甚至个别鸡突然死亡。剖检病鸡可见肝脏肥大，有出血斑点，腹脂增多，肠系膜等处有大量脂肪。

2. 防治　对该病的预防措施主要在于合理搭配饲料，特别是饲料中的能量水平。根据鸡的体况及时调整日粮，同时注意饲料保管，防止饲料霉变，在产蛋高峰期尽量减少外来应激因素。

第九章
固始鸡养殖场规划建设与环境控制

第一节　固始鸡养殖场场址选择

一、基本要求

（1）养殖场建设必须遵守《中华人民共和国畜牧法》《中华人民共和国动物防疫法》和《畜禽规模养殖污染防治条例》等相关法律法规。

（2）禁止在下列区域内建设畜禽养殖场、养殖小区：①生活饮用水的水源保护区、风景名胜区，以及自然保护区的核心区和缓冲区；②城镇居民区、文化教育科学研究区等人口集中区域；③法律、法规规定的其他禁养区域。

（3）养殖场选址必须符合当地农牧业总体发展规划、土地利用开发规划和城乡建设发展规划的用地要求。

（4）在县级人民政府畜牧兽医行政主管部门备案，取得畜禽标识代码。

二、注意事项

场址选择之前应当注意当地自然条件和社会经济条件的调查研究。

（一）自然条件

场址的自然条件包括地形地势、地质土壤、水源水质、环境气候等方面，对这几方面做好资料的收集和现场查勘。

1. 地形地势　地形是指场地的形态范围以及山坡、河流、道路、树林、草地、居民点等的相对平面位置状况。地势是指场地内的高低起伏状况。养殖场选址一般在地势较高、干燥平坦、背风向阳和排水良好的地方。

平原地区一般场址远离居民区，比较平坦、开阔，注意选择比周围较高的地方，以利于场区的排水。地下水位以低于建筑场地基深度 0.5 m 以下为宜。

山地丘陵地区选择坡度稍平，坡度不超过 25°，坡面向阳。有断层、滑坡、塌方的地段不宜建场，还要注意避开坡底和谷地以及风口，以免受山洪、暴风雪及泥石流的袭击。

2. 地质土壤　对场地施工地段的地质状况的了解，主要是收集当地附近地质的勘察资料，地层的构造状况，如断层、陷落、塌方及地下泥沼地层。对土层的了解也很重要，如发生过断裂塌方或回填土地带的土质松紧不匀，会造成基础下沉房舍倾斜。遇到这样的土层，需要做好加固处理，对于情况严重不便处理的或投资过大的地块，应放弃选用。此外，还要了解拟建址附近土质情况，对施工材料也有意义，如沙层可以就地取材作为砂浆、垫层的骨料，以节省投资。

3. 水源水质　水是养殖场日常生活和生产必不可少的物质，应当给予足够重视。水源有无污染、水质好坏，直接影响到养殖业生产，是关系到养殖业成败的关键一环。了解水源水质状况是为了便于计算拟建场地段范围内的水资源和供水能力能否满足鸡场的需水量。使用地表水，应该了解地表水源（如水库、河流、水塘、小溪等），需要了解其流量，汛期水位，含水层的层次、厚度和流向，且注意水源附近有无污染源，水有没有被污染的可能；使用地下水，应当收集当地水文资料，了解地下水位的高度，是否充足，打井抽水能否满足养殖场的需要。在建场之前应提取水样进行水质的物理、化学和生物污染等方面的化验分析，确保达到国家《畜禽饮用水水质标准》。

4. 环境气候　主要指与建筑设计有关和鸡场小气候有关的气候气象资料，如气温、风力、风向及灾害性天气的情况。

场址的选择应了解当地常年气象变化，包括平均气温、绝对最高最低气温，土壤冻结深度，降水量与积雪深度，最大风力，常年主导风向，日照情况等。气温资料对房舍供热设施均有意义。风向风力与鸡舍的方位朝向布置、鸡舍排列的距离、次序均有关系，还要考虑其对排污的影响以及对人畜环境卫生和防疫是否有利。

（二）社会条件

1. "三通"条件　指供水、电源、道路。供水及排水要统一考虑，拟建场地区附近如有地方自来水公司供水系统，可以尽量引用，但需要了解水量能否保证。同时，本场应自备水井，采用深层水作为主要供水来源或作为补充水源。

鸡场选址要有可靠的供电条件，要了解供电源的位置与鸡场的距离，最大供电量，是否经常停电，有无可能双路供电等。特别是全封闭式鸡舍对稳定供电要求更为严格，必须自备发电机，以保证场内供电的稳定。电力安装容量每1万只鸡为 $20 \sim 30$ kW。

鸡场选址应选择离村庄、水源、交通主干道等 500 m 以外。过远交通不便，生产成本加大；过近不利于疫病防控，影响养殖业生产。交通选择总的原则是：既要防止疫病传播，又要方便运输产品和饲料，降低运输成本，节约生产成本。对于路面不好或道路通行困难等问题不能回避，应尽早解决，以免日后给生产、生活造成困难。

2. 环境疫情　鸡场的环境及附近的兽医防疫条件的好坏是影响鸡场成败的关键因素之一。不仅要对当地禽类养殖情况和养殖场分布进行调查，避开禽类养殖密集区域建场，同时对附近的历史疫情也要做周密的调查研究，特别警惕附近的兽医站、畜牧场、集贸市场、屠宰场与鸡场的距离、方位、有无自然隔离条件等，以便有针对性地设计本场防疫工作方案。

（三）确定位置

鸡场位置的确定需要注意下面几点。

1. 注重环境保护　不管鸡场采取何种通风模式，鸡舍内的空气必须排出舍外，外界清新的空气进入舍内，满足鸡群的生长需要。在进行内外气体交换的过程中，不可避免地会排出粉尘和臭气，为了减少对人的影响，鸡场应远离居民点 500 m 以上，尤其要远离农村卫生院、敬老院、疗养院，以免鸡场气味污染环境。鸡场周围应采取绿化植树，建立有组织排放、过滤除尘设施等解决空气污染问题。

2. 满足鸡场的隔离和防疫要求　建设鸡场最好的环境就是在交通便利的丘陵地区，良好的自然隔离环境可以减少许多传染病的发生，提高养殖经济效益。养殖场应距离生活饮用水源地、居民区和主要交通干线、其他畜禽养殖场及畜禽屠宰加工、交易场所至少在 500 m 以上。并且应位于居民区及公共建筑群常年主导风向的下风向。

3. 其他 鸡场选址远离化工厂、制革厂、制药厂等容易产生污染的企业，且不应位于上述企业的下风向。鸡群长期处于工业污染严重的环境中，不但会影响鸡群健康，也会导致禽产品有害成分残留和超标。

第二节 固始鸡养殖场场区布局

一、功能分区

鸡场（养殖小区）由办公生活区、生产区和隔离区三大部分组成。在实际生产中为了管理方便，办公生活区设有门卫室、办公室、职工宿舍、食堂、浴室、配电房；生产区设有鸡舍、饲养员宿舍、仓库、发电机房、浴室、卫生间；隔离区设有兽医工作室、隔离饲养区、无害化处理设施区域。每个区域之间设有消毒通道和隔离带。

二、规划布局

鸡场内功能分区根据常年主导风向依次为办公生活区、生产区、隔离区，且隔离区位于全场的下风向和全场区最低处。

（一）鸡舍朝向与间距

鸡舍的朝向主要对有窗式和半开放式鸡舍而言，目的是防止夏季阳光直接照进鸡舍，发生热射病，导致鸡群大面积死亡；同时防止冬季冷风大量灌入鸡舍，导致鸡舍的温度下降过快，发生冷应激，影响鸡只生长。

鸡舍的朝向应根据地理位置不同而异。在华东地区，一般坐北朝南偏东15°为宜；华北地区最佳朝向为南偏西30°～45°；华南地区，最佳朝向为南偏东0°～15°为宜。

目前，大型鸡场采用的密闭式鸡舍，纵向通风系统，其保温和遮光能力强，对鸡舍的朝向就没有严格的要求，一般就地形地势而建，但最好是采用东西走向。在设计鸡场时应考虑鸡舍的方向，鸡舍的排风口应在鸡场的下风向，尽量避免排出的废气再次进入鸡舍，形成交叉感染。

鸡舍间距理论上间距越大越好，这样有利于防疫和防火，实际生产中受土地等因素的制约，一般的鸡场，鸡舍间距在5～10 m。鸡舍间距过小，会带来许多隐患。例如防疫问题，特别是有窗鸡舍，多数为自然通风，鸡舍过近，一旦一个鸡舍发生传染病，舍间传播速度就会很快；另外一个隐患就是火灾，鸡舍间距过小，一旦发生火灾时，会波及其他鸡舍，由于发生火灾而全场毁灭的事情并不罕见。

在生产实践中，一般建议采用 10 m 以上的舍间距，鸡舍空地进行绿化。

（二）场区道路

道路是总体布局的一个组成部分，是场区建筑物之间、建筑物与建筑设施、场内与场外之间的联系纽带。它对组织生产活动的正常进行和卫生防疫以及提高工作效率起着重要作用。它的主要功能是为人员、饲料、产品和鸡场废弃物的出入、运输提供快捷方便的路径，因此需要合理布置和设计。

鸡场道路一般要求净道和污道严格分开，不能有交叉，主要路面进行硬化，净道用于人员、饲料、鸡蛋、鸡群等物质的出入和运输，污道用于鸡粪、废旧垫料、死鸡的运输。路面宽度 3.5～6 m，道路与鸡舍或场内其他建筑物外墙保持 1.5 m 最小间距；有出入口处应为 3.0 m。

（三）排水设计

生活污水和雨水采用分离制。生活污水先汇集到污水处理池，经沉淀后，沉淀污泥和分离渣等固状物到贮粪场堆肥发酵后作有机肥料使用；形成的液体经无害化处理后，可用于农田灌溉。雨水排泄要根据场内地势设计排水路线，通过场内排水沟道流出场外，达到下雨不积水，排水流畅的原则。

（四）场区绿化

场区绿化不仅是为了美观，更主要的是可以改善鸡场环境，调节鸡舍的小气候。在鸡场的建设和规划之初，就要因地制宜地考虑整体绿化，建设在荒山、荒地、荒滩地区的鸡场尽量保护和利用原有的植被，不仅减少投资，而且可以保护环境。

鸡舍四周可以种植高大且生长速度快的乔木，夏季可以为鸡舍遮阴，冬季不会过多影响鸡舍采光。

场区道路边缘可以种植行道树和矮小的灌木，最好选择四季常青的植物，减少落叶，同时可以美化环境。场区内的空地应种植草坪等植物绿化，可以吸收和消纳空气中的浮尘，防风固沙，也是一个天然的绿化带。

生活区的绿化以观赏性的植物为主，主要可以选择桂花树、广玉兰、银杏、槐树、云杉等。

（五）鸡场大门消毒池

场区与外界要划分明确，场内不同区域及大门入口处设立消毒池。车辆消毒池长为通过最大车辆长度的 1.3～1.5 倍；深度为 30～50 cm。

第三节　固始鸡养殖场鸡舍建筑设计

一、鸡舍类型

集约化饲养对建设鸡舍要求比较严格，鸡舍的类型是搞好环境控制的前提。鸡舍的类型可以分为舍饲型、半放牧型和生态放养型。

（一）舍饲型

舍内饲养的方式，鸡舍建造结构复杂，固定资产投入量大，造价高，人工控制的鸡舍环境好，适宜种鸡的需求。舍饲鸡舍又可以分为密闭式鸡舍和开放式鸡舍。

1. 密闭式鸡舍　又称无窗式鸡舍。鸡舍四壁无窗或者留有小窗，杜绝自然光源，采用人工光照、机械通风，可实现舍内环境条件的精确控制，从而提高种鸡的生产性能。这种鸡舍的通风、光照均需要用电，耗能较多，其成本和造价较高。

2. 开放式鸡舍　开放式鸡舍受自然环境的影响，以自然通风为主，采用自然光照。对舍温的调节和通风控制主要依靠鸡舍南北两面房屋的窗洞或通风带。这类设施通常有两种类型，一种是用双覆膜塑料编织布做的窗帘；另一种是设置透明或半透明通风窗。通过开窗和卷帘升降的幅度调节舍内环境，当外界气温过高时，可以关闭卷帘和窗户，开启风机湿帘降温等。

（二）半放牧型

一般是在开放式鸡舍的基础上添加运动场，为了给鸡提供一个运动的环境，提高鸡肉的风味，运动场的面积一般为鸡舍面积的 1.5～2 倍，运动场周围设有围栏，白天在运动场自由活动和采食，晚上休息和补饲在舍内。

（三）生态放养型

一般生态放养型鸡舍，结构简单，造价低廉，多数分布在山丘、树林、果园、茶园之中，鸡舍材料一般采用木质或泡沫彩钢板，每栋鸡舍面积控制在 $10\sim20\ m^2$，每栋鸡舍相互间隔在 50 m 以上。

二、饲养方式

饲养方式一般可以分为地面平养模式、笼养模式和生态放养模式。

（一）地面平养模式

地面平养模式最常见，在饲养过程中，地面铺上稻壳、木屑、碎秸秆等松软的物质作为垫料，即可以在上面直接养鸡，等成鸡出栏后将垫料全部清除、清洗消毒后进入下一个循环。这种模式相比笼养固定投资少，鸡粪处理方便（堆肥发酵），清洗和清理鸡舍操作便利，活鸡销售时商品外观好；缺点是部分地区获取垫料困难，球虫病不易控制。

地面平养模式比较适合饲养肉鸡，也适用饲养种鸡。固始鸡和"三高青脚黄鸡 3 号"商品代、父母代种鸡均可用此模式饲养。

（二）笼养模式

笼养就是将鸡饲养在用金属丝焊成的笼子中，笼养的主要优点：

（1）提高饲养密度。立体笼养比平养增加密度可达 3 倍以上，蛋鸡每平方米可达到 17 只以上。

（2）节省饲料。鸡饲养笼中，运动量减少，耗能少，浪费料少。

（3）鸡不接触粪便，有利于鸡群防疫。

（4）蛋比较干净。

（5）饲养种鸡人工授精方便。

笼养的缺点：

（1）设备投资较大。

（2）淘汰鸡的外观较差。

笼养模式比较适合饲养蛋鸡和种鸡。"三高青脚黄鸡 3 号"父母代种鸡和"豫粉 1 号蛋鸡"父母代和商品代均可用此模式饲养。

（三）生态放养模式

将鸡在山地、林地、果园、茶园等生态自然环境中放养，鸡群白天可以在野外自主觅食，鸡采食杂草、虫子和补饲五谷杂粮，鸡粪作为肥料，减少人工除草和化肥使用，形成生态的良性循环。但该模式是适合小规模饲养鸡群，一般每 667 m² 放养 50 只鸡为宜。固始鸡和"豫粉 1 号蛋鸡"商品代进行放养可生产优质无公害的土鸡和土鸡蛋。

第四节　固始鸡养殖场配套设施设备

一、供电系统

鸡场使用电压为 220V/380V，就近选择电源，变压器的功率应满足场内最大用电负荷，具体功率根据饲养规模和饲养方式进行计算。机械化程度高的鸡场，必须配置发电机，2 台为宜，以便输电线路发生故障或停电检修时能够保障正常供电。

二、给排水系统

饲养场应有自备水源（井），且水源充足、卫生，保证鸡只饮用水符合国家制定的《无公害食品　畜禽饮用水水质》（NY 5027—2008）卫生标准，或符合国家《生活饮用水卫生标准》（GB 5749—2006）。

饲养场周围应设排水明沟，各栋鸡舍周围应有排污暗沟或明沟，并与场外明沟相连。暗沟长度超过 200 m，中间应设沉淀井。在设计排污沟大小时应考虑最大排水量（流量），如雨雪水、生活污水、生产污水等。场内明沟尺寸大小为：深 30 cm，上口宽 30～60 cm，沟底坡度 1%～2%。

三、饲养设施

（一）地面平养

1. 饲喂系统　自动饲喂系统包括料塔、喂料线、料盘及控件系统，人工喂料只要料桶和开食盘即可。

2. 饮水系统　一般采用普拉松式自动饮水器或乳头式自动饮水器，乳头饮水器卫生状况较好，一般养殖场多采用乳头饮水器。

3. 种鸡产蛋箱　产蛋箱是饲喂肉用种鸡的设备。种鸡的产蛋箱一般有两种构件，一为箱体；二为箱内垫物（饲料垫窝或模拟垫草的塑料毡垫）。肉种鸡配备数量为 4 只母鸡配备 1 个，可以机械传送方式拣蛋，末端为种蛋拣收桌，在此处挑出污蛋、畸形蛋，将合格蛋放在蛋盘（蛋托）内。如人工拣蛋则需要配置小型蛋车，拣蛋时直接装入蛋盘。

4. 消毒设备　可采用人工喷雾和自动喷雾系统进行鸡舍内带鸡消毒，人工喷雾采用便携式喷雾器；自动喷雾系统由鸡舍顶部铺设的管线、喷头、喷雾器组成。

（二）笼养设备

1. 笼具　鸡笼设备是养鸡的设备主体，它的配置形式和结构参数决定了饲养密度，决定了对清粪、饮水、喂料等设备的选用要求，鸡笼按组合形式可分为阶梯式笼和层叠式笼。

（1）阶梯式笼　阶梯式笼一般为 2～3 层，其优点是：①各层笼敞开面积大，通风好，光照均匀；②清粪作业比较简单；③结构较简单，易维修。其缺点是：饲养密度较低，为每平方米饲养成鸡 10～12 只。蛋鸡和种鸡一般采用 3 层阶梯，根据鸡舍大小可分 3～4 列分布，在蛋鸡笼的头端安装公鸡笼。

（2）层叠式笼　层叠式鸡笼上下层之间为全层叠，层与层之间有输送带将鸡粪清走。优点是舍饲密度高，三层为每平方米饲养成鸡 30～40 只，四层为每平方米饲养成鸡 50～60 只，目前层叠式可达 8 层以上。

2. 喂料系统　一般在每层鸡笼架设料槽采用人工喂料，如果采用自动喂料还需要配备料塔、自动布料行车，控制系统和自动计重器。

3. 饮水系统　一般采用乳头饮水器，配备自动加药泵。

4. 清粪系统　清粪系统可分为刮板式清粪机和传送带式。刮板式清粪机多用于阶梯式笼养，位于笼子下方的水泥槽中，由牵引机（电动机、减速器、绳轮）、钢丝绳、转角滑轮、刮粪板及电控装置组成。传送带式清粪机由传送电机、传送带组成，可用于阶梯式和层叠式笼。

5. 消毒设备　可采用人工喷雾和自动喷雾系统进行鸡舍内带鸡消毒，人工喷雾采用便携式喷雾器，自动喷雾系统由鸡舍顶部铺设的管线、喷头、喷雾器组成。

（三）生态放养模式

生态放养模式采用设备较简单，多采用料筒和自动饮水器即可，另外可设置太阳能自动捕虫灯，可将夜间捕获的昆虫饲喂鸡群。

四、环境控制系统

（一）光照设备

照明设备主要是光照自动控制器，能够按时开灯和关灯。目前我国已经生产出鸡舍光控器，较好的是电子显示光照控制器，它的特点是：①开关时间可任意设定，控时准确；②光照度可以调整，光照时间内日光强度不足，自动启动补充光照系统；③灯光渐亮和渐暗；④停电程序不乱等。

（二）通风设备

通风设备的作用是将鸡舍内的污浊空气、湿气和多余的热量排出，同时补充新鲜空气。现在一般鸡舍通风采用大直径、低转速的轴流风机。

（三）湿垫风机降温设备

湿垫风机降温系统的主要作用是夏季空气通过湿垫进入鸡舍，可以降低进入鸡舍空气的温度，起到降温的效果。湿垫风机降温系统由纸质波纹多孔湿垫、湿垫冷风机、水循环系统及控制装置组成。在夏季空气经过湿垫进入鸡舍，可降低舍内温度 5～8 ℃。

（四）供暖设备

供暖可以采用暖器、煤炉等，比较先进的是热风炉供暖系统，主要由热风炉、轴流风机、有孔塑料管和调节风门等设备组成。它是以空气为介质，煤为燃料，为空间提供无污染的洁净热空气，用于鸡舍的加温。该设备结构简单，热效率高，送热快，成本低。

五、废弃物无害化处理设施

在养殖过程中会产生大量的废弃物，主要包括鸡粪、病死鸡、污水等。这些废弃物如处理不当，将会对水源、土壤和空气等环境因素造成很大污染，严重影响场区和鸡舍的环境，制约鸡场持续稳定发展和效益提高，这就要求场区内配备鸡粪处理设施（一般为堆肥发酵场地）、病死鸡无害化设备和污水处理设备。

第五节　固始鸡养殖场废弃物处理与资源化利用

一、基本原则

养殖场内所产生的废弃物的排放要符合国家相关规定，不得对环境产生污染，鸡粪的贮存和处理需要符合《畜禽粪便无害化处理技术规范》，排放须符合《畜禽养殖业污染物排放标准》，所有病死鸡采取焚烧、深埋或高温发酵分解等方式进行无害化处理，需要符合《病死动物无害化处理技术规范》，对产生的污水进行处理，排放时必须符合《畜禽养殖业污染物排放标准》。

二、处理方式与技术

（一）鸡粪处理

鸡粪既是污染物质，又是很好的资源，可以用来生产肥料、沼气和直接发电。

1. 生产肥料　鸡粪槽式堆肥发酵是一种简单实用的处理方法。在距离鸡场 500 m 或以外的地方设一个堆肥发酵场，地面进行硬化防渗处理，建造处理大棚，宽 10 m 左右，长 50～100 m，内有混凝土槽，两侧为导轨。在导轨上安装搅拌装置，将湿鸡粪、辅料（秸秆沫、稻壳粉等）及好氧发酵菌种装入混凝土槽中，通过搅拌装置进行混匀。使其混合物的含水量达到 60%～65%，进行堆肥发酵。发酵过程中还需要搅拌装置来回翻动鸡粪，1～2 周即可达到均分分解，充分腐熟，并利用发酵产生的高温杀死鸡粪中的病原微生物。发酵产物可作为果树、蔬菜、花卉和瓜类等经济作物的肥料。

2. 生产沼气　鸡粪是生产沼气的优质原料之一，尤其是高水分的鸡粪。鸡粪和草（或秸秆）以（2～3）：1 的比例，在碳氮比（13～30）：1，pH 为 6.8～7.4 条件下，利用微生物进行厌氧发酵，产生可燃性气体。沼气可用于鸡场取暖、照明等，大型鸡场可进行并网发电；发酵后的沼渣可用于养鱼、养蚯蚓、栽培农作物和生产有机肥。

3. 直接发电　鸡粪的挥发成分较高，极易着火，也极易燃尽。挥发成分析出的温度远低于煤炭，温度区间从 200 ℃开始至 500 ℃时几乎完全析出，500 ℃以上则主要是固定碳的燃烧过程。在锅炉内不需要采用其他燃料助燃，就能保证较好的燃烧工况和燃烧效率。发电后产生的灰粉也是非常好的农家肥原料。这种方法投资大，一般只适用大型养殖企业。

（二）病死鸡无害化处理

病死鸡经生物发酵无害化处理后，细菌、病毒、寄生虫等易传播疾病的病原被有效杀灭，且发酵产物可以作农作物肥料。

1. 堆肥法　即将少量病死鸡投入鸡粪堆肥发酵混合物中，可以作为堆肥辅料，利用微生物有效降解动物尸体，发酵的持续高温杀灭病原微生物，阻断病原微生物通过动物废弃物继续传播的途径。

2. 病死鸡无害化处理设备　无害化降解处理机是专门处理动物尸体、动物废弃物、餐厨垃圾等的高端环保设备。其综合利用微生物降解有机物、持续高温杀灭病原微生物、微生物发酵等多种原理和技术，经过加热、搅拌、发酵、杀菌、干燥等多重工艺，把畜禽尸体、死胚蛋、胎盘等有机物快速降解，最终与添加的垫料经过混合、搅拌、分装等程序，生产出有机肥的重要原料，实现农业循环经济。

（三）污水处理

养鸡场的污水主要是冲洗鸡舍产生的少量污水，先汇集到污水处理池，沉淀 6 个月后，形成的液体经微生物发酵分解后，可用于农田灌溉；沉淀污泥和分离渣等固状物运到贮粪场作有机肥料使用。

三、资源化利用

用鸡粪加工成优质高效的有机肥料，营养全面、肥效长、易于被作物吸收利用，可代替化肥，大大节约种田的成本，有效地改良土壤。目前，随着堆肥技术的进步和发展，用鸡粪生产有机肥还田技术作为低成本而有效的无害化处理和资源化利用方式，获得了国际的普遍认可和广泛的推广应用。

我国也相继出台了畜禽养殖污染防治相关的系列法律法规和国家、行业标准，推动了养殖废弃物无害化处理、资源化和能源化利用技术的研究与开发，将促使有机肥产业的发展和应用，并加快能源化利用示范进程。

第十章
固始鸡产业化开发与前景展望

第一节　固始鸡产业化开发情况

一、产业开发历程

在改革开放之前，固始鸡养殖一直停留在"养鸡下蛋为换盐"的层次上。20世纪八九十年代，随着国家改革开放的深入，外来畜禽良种以其高产、快速、饲料利用率高、标准化程度高等优点得到迅速推广，严重挤压了我国地方畜禽品种的生存空间。为了保护和开发利用固始鸡这一优秀民族品种资源，在进行固始鸡保种选育的同时，对固始鸡实施了大规模的产业化开发，将地方资源优势转化为经济优势，以开发利用促进固始鸡的保种和选育研究持续进行。固始鸡的产业化开发历程大致经历了三个阶段。

第一阶段（1996—2003年），即快速发展期。本阶段固始鸡的养殖量和知名度大幅度提升。1996年，固始县委、县政府以固始鸡原种场为核心，通过兼并重组，成立了牧工商一体化的河南三高农牧股份有限公司，按照"公司＋基地＋农户"的产业化开发模式，对固始鸡实施产业化开发。以养鸡大户为依托，在重点乡镇引导成立养鸡协会，扶植建立专业服务实体，催生"二级法人"。这些"二级法人"，上联龙头企业，下连广大养鸡户，实行"六统一"服务，即统一协调资金、统一订购鸡苗、统一购进器具、统一防疫、统一交售成鸡和鲜蛋、统一结算。1998年，通过举办"固始鸡宣传促销万里行"等一系列宣传促销活动，在全国打响了固始鸡品牌。2001年，"中国名优鸡种产业化研讨会"在固始县成功举办，进一步扩大了"固始鸡"品牌的影响力，使"固始鸡"知名度越来越大，越来越广。固始鸡的销售北到黑龙江，西至青海，南到广州，覆盖全国 20 多个省、自治区、直辖市。

第二阶段（2004—2008 年），即平稳发展期或品质沉淀期。由于前期养殖数量的急剧增加和消费市场的变化，对固始鸡产业提出了更高的要求。龙头企业加大了"产、学、研"结合力度，开展对固始鸡品种的选育研究、新品系的开发利用和养殖技术的集成研发。本阶段固始鸡的养殖量没有太大变化，固始鸡的标准化笼养、生态放养模式得到完善和固化，养殖技术日臻完善，固始鸡的品质得到了极大的提升，市场适应能力得到了加强。

第三阶段（2009 年至今），即成熟配套期或产业链成熟期。龙头企业河南三高农牧股份有限公司在固始鸡的产业化开发方面探索形成了集"良种繁育、安全养殖、屠宰加工、冷链配送、连锁经营"于一体的全产业链模式。到此固始鸡的产业化开发步入了一个全新的阶段。

二、产业开发成效

（一）成为县域经济的支柱产业

在河南三高农牧股份有限公司的带动下，固始鸡养殖突破了"养鸡下蛋为换盐"的传统自然经济束缚，步入了专业化、规模化、商品化生产的轨道。2016 年，全县固始鸡养殖量达到 4 100 多万只；固始鸡产业化开发总值达6.24 亿元。固始鸡养殖业的迅速发展，还带动了饲料加工业、运输业等相关产业的发展。固始鸡产业化开发为农民增收、农业增效开辟了一条有效的途径。2016 年，全县共有 4.6 万多农户从事固始鸡养殖，户均增收 5 600 多元。尤其在帮带农村留守妇女、贫困户通过养殖而发家致富方面，发挥了不可替代的作用。2016 年，固始鸡产业被固始县人民政府列为固始县精准扶贫重点产业。

（二）龙头企业不断发展壮大

河南三高农牧股份有限公司（前身由"河南固始三高集团有限责任公司"改制为"河南三高固始鸡发展有限责任公司"）是"农业产业化国家重点龙头企业"、国家"星火计划"项目承担单位，主要从事地方优良品种——固始鸡和淮南猪的选育研究与产业化开发。以河南三高农牧股份有限公司为代表的龙头企业在固始鸡产业化开发过程中起到了至关重要的作用，龙头企业也得到了长足的发展。河南三高农牧股份有限公司下辖种鸡场、种猪场、孵化厂、饲料厂、屠宰厂、三高食品公司等多个生产经营实体。公司拥有国家肉鸡核心育种场1个，国家蛋鸡产业技术体系综合试验站1个，国家肉鸡产业技术体系综合试验站1个，省级工程技术研究中心和企业技术中心各1个，省级双创示范基地1个。相继培育出了3个国家级畜禽新品种，即豫南黑猪、"三高青脚黄鸡3号"配套系和"豫粉1号蛋鸡"配套系，其中：豫南黑猪是在淮南猪保种选育的基础上，历经23年自主培育的国家级新品种，也是河南省第一个培育的国家级猪新品种，2008年10月获得农业部颁发的《畜禽新品种证书》；"三高青脚黄鸡3号"配套系是以固始鸡为育种素材培育出的一个多用途节粮型优质鸡配套系，2013年2月获得农业部颁发的《畜禽新品种证书》，该品种2014年被农业部列为在全国范围内主推的鸡新品种；"豫粉1号蛋鸡"是以固始鸡为育种素材培育出的一个多用途节粮型蛋鸡配套系，2015年11月获得农业部颁发的《畜禽新品种证书》。这些畜禽新品种的培育成功为固始县优质地方畜禽品种产业化开发注入了新动力。

多年来，河南三高农牧股份有限公司以生产优质、安全、放心食品为己任，按照"公司＋基地＋农户"产业化开发模式，打造了固始鸡和豫南黑猪两大产业链，建立了集"良种繁育、安全养殖、屠宰加工、物流配送、连锁经营"于一体的全产业链。企业通过了ISO 9001国际质量管理体系认证。公司的主要产品获得了"地理标志产品""生态原产地产品保护""绿色食品"及"无公害农产品"等多项认证和荣誉。

（三）品牌与市场

随着固始鸡品牌逐步在全国打响，"土鸡之王"的位置得到确立。各级领导、专家学者以及业内人士对固始鸡及其产业化开发给予了充分肯定。同时，借助中央电视台等各大传媒，加大了对固始鸡及其产业化开发的宣传力度，进一步提高了固始鸡的知名度。固始鸡及固始鸡笨蛋相继获得了"地理标志产品""生态原产地产品保护""证明商标""河南省著名商标""河南省名牌农产品""绿色食品"以及"无公害农产品"等多项认证和荣誉。在名牌战略的推动下，营销网络进一步发展完善，市场覆盖率、占有率进一步提高，种苗、种蛋销向全国20多个省、自治区、直辖市，固始鸡、固始鸡鸡蛋相继打入了北京、上海、郑州等大中城市。

（四）行业贡献

河南三高农牧股份有限公司是最早从事地方优良畜禽大规模开发的企业，固始鸡也是较早开发的地方优良畜禽品种之一。固始鸡产业化开发模式，为我国优良地方畜禽保护和开发利用探明了一条道路，开创了先河，为保护和开发利用我国民族优秀遗传资源提供了成功的经验和典范。培育畜禽新品种（配套系）3个，制定行业地方标准6项。

三、产业开发措施

（一）"公司＋基地（合作社）＋农户"

固始鸡的产业化开发采用"公司＋基地（合作社）＋农户"的模式，采取"四包一回收"措施，即包鸡苗供应、包技术培训与指导、包饲料和养殖器具供应、包疫病防治，按合同价回收成鸡、鲜蛋。通过合同的方式形成利益共同体，按照统一标准进行养殖，确保产品质量。

（二）因地制宜，推行不同的养殖模式

除对固始鸡进行规模化笼养、网上养殖等养殖模式外，还充分利用固始鸡耐粗饲、觅食能力、抗逆性强的特点，因地制宜，推行不同的养殖模式。一是"天然养殖园区"模式，利用山坡、林地，建立"天然养殖园区"，进行规模化生态放养，生产优质精品肉鸡和固始鸡"笨鸡"及"笨蛋"；二是"核心户带农户散养固始鸡"模式，以村为单位，每村选择1～2个具备育雏服务功能的农户为"核心户"，公司向"核心户"提供出壳鸡苗，"核心户"代育到脱温后投放给周边农户散养，并负责跟踪防疫、指导技术、组织鲜蛋和母鸡（固始鸡"笨鸡"）回收；三是"茶园鸡"模式，利用固始县南部乡镇茶园多的优势，将固始鸡养殖与种茶结合起来，此举不但提高了茶叶的品质，同时也提高了固始鸡及其鸡蛋的品质。

（三）"产、学、研"结合，开发适销对路的新产品

固始鸡产业化开发的过程也是"产、学、研"紧密合作的历程，河南三高农牧股份有限公司与河南农业大学、河南省畜禽改良站、信阳农林学院等长期

合作，对固始鸡等地方优良畜禽进行研究和利用。利用国家农业产业技术体系平台，邀请体系岗位专家进行现场指导。培育畜禽新品种（配套系）2个，开发固始鸡老母鸡、固始鸡熟食、固始鸡老母鸡汤等产后加工产品8种。

（四）品牌打造

为树立和保护固始鸡品牌，2002年，固始县固始鸡研究所在工商总局为"固始鸡"注册了"证明商标"，被中国出入境检验检疫局列为"地理标志产品"进行保护。设计了LOGO，并对鸡蛋的外包装盒申请了外观专利保护。河南三高农牧股份有限公司加入了中国畜牧业协会、河南省畜牧业协会等行业协会，积极参加行业会议，吸收最新的行业信息并对固始鸡进行推介。在《中国禽业导刊》《河南省畜牧兽医》和《中国家禽》等专业杂志上办专栏、发行专刊，对固始鸡进行全方位报道和推介。在中央电视台CCTV7《每日农经》栏目播出了《长出商标的"鸡"》，对固始鸡进行了专题报道；中央电视台CCTV10《味道》栏目组在对固始的"三丝"进行报道时，就出现了"固始鸡汤挂面""荷包蛋"等美食。河南电视台、固始县电视台等都对固始鸡进行过专题报道。"都市新时尚，能人吃笨蛋"的宣传语深入人心。建设了"中国鸡文化博物馆"，对青少年进行科普教育。开展消费者体验活动，让消费者进入生产一线现场体验，实现生产者与消费者的零距离接触。建立公司网站，利用互联网技术对固始鸡及其产品进行宣传。制作了宣传片，在各大超市卖场滚动播放。聘请专业品牌策划机构对河南三高农牧股份有限公司进行整体策划，为终端产品进入市场起到了良好的宣传作用。

（五）一二三产业融合，实现可持续发展

到2020年，我国农业要实现"一控两减三基本"，即控制农业用水总量；减少化肥、农药使用量，化肥、农药用量实现零增长；基本实现畜禽养殖排泄物资源化利用，病死畜禽全部实现无害化处理；基本实现农作物秸秆资源化利用，秸秆露天焚烧现象得到有效控制；基本实现农业投入品包装物及废弃农膜有效回收处理。

我国每年畜禽粪便排放总量达25亿t以上，大量粪便未经有效处理直接排入水体。当前我国化肥、农药利用率均不足35%，农村能源利用率仅为25%左右，农村污染已经占到全国污染的1/3以上。另外，60%的农户生活燃

料主要依靠秸秆和薪柴，热能利用率低下，燃烧秸秆通常也带来严重的环境污染。当前，农村的生态环境保护与建设工作离生态文明的要求还有一定的差距，点源污染与面源污染共存、生活污染和生产污染叠加、各种新旧污染相互交织等，种种环境问题危害着人们的健康，制约着经济的发展。

河南三高农牧股份有限公司立足固始县当地自然资源和农业资源优势，因地制宜，建设了无害化处理厂、有机肥厂，对区域内病死畜禽进行集中无害化处理，将高污染的养殖废弃物转化为再生资源进行综合利用，这样既产生了良好的经济效益，又达到了环境保护的目的。采取"鸡粪、农作物秸秆—有机肥—农业生产—养殖饲料"的生态循环种养模式，实现养殖业与种植业的融合发展。通过龙头企业将一二三产业有机结合，既解决了养殖产生的粪便和农业生产产生的秸秆等污染环境的问题，又延长了产业链，增加了种养产业的附加值。按照一二三产业大循环模式，实现节能减排与降耗增收的目标，促进了固始鸡产业的可持续发展。

第二节　固始鸡产业开发前景展望

一、优化农村产业结构

国以农为本，农以种为先。畜禽种业是农业种业发展的重要组成部分，是我国现代畜牧业发展的物质基础，事关国家农业战略安全和畜牧业可持续发展。当前，我国畜牧业已进入由传统向现代加快转型的关键时期，畜禽种业必须适应形势的变化，加快升级，增强综合竞争力。固始鸡作为我国优良地方鸡种，拥有良种繁育体系、安全养殖体系、屠宰加工体系、冷链运输体系和连锁经营体系，产业要素齐全，产业链条完整。固始鸡产业地方特色鲜明，是固始县县域经济的支柱产业之一。是新时期农业的转型升级，促进农业结构不断优化升级的优势产业。

二、符合未来消费趋势

经中国农业大学食品学院测定，固始鸡鸡肉中肌苷酸（IMP）、谷氨酸单钠盐（MSG）、牛磺酸的含量是 AA 肉鸡的 3 倍以上。因此，固始鸡汤及肉味十分鲜美，且具有较强的滋补功效。另外，现代家庭日趋小型化，家庭成员一般在 2～4 人，固始鸡体型中等，非常适合大众日常消费。

三、全产业链开发，确保产品质量

河南三高农牧股份有限公司对固始鸡的开发建立了从"良种繁育—安全养殖—屠宰加工—冷链运输—商超"的全产业链，产品质量全程监控，真正实现了从田间到餐桌的安全。该公司拥有国家级核心育种、固始鸡原种场、父母代种鸡场、鸡苗孵化厂和养殖基地，配套建设有饲料加工厂、屠宰加工厂。饲料厂的原料经过严格的检测，杜绝不合格原材料进入生产环节，原料质量安全可靠。根据固始鸡种鸡和商品代鸡只的营养需要，针对不同养殖模式，制定了不同的饲料配方，确保了固始鸡的风味。养殖过程中贯彻"预防为主"的养殖理念，以预防为主，治疗为辅。使用的兽药和疫苗均与资质齐全、技术能力强的大厂家直接合作，杜绝伪劣兽药和疫苗进入养殖场。河南三高农牧股份有限公司固始鸡产品按照"优质、安全、卫生"及"绿色、无公害"的要求组织生产，产品质量稳定、安全、可靠。利用现代信息技术，建立了产品质量可追溯体系，确保产品质量稳定、安全。

屠宰过程严格按照鸡的屠宰规范操作，确保胴体品质。

冰鲜鸡生产工艺流程：龙头企业原种繁育—孵化—父母代种鸡—孵化—商品代鸡苗—基地（合作社）养殖—龙头企业回收—屠宰—专业储藏—冷链运输—商超销售

鲜蛋生产工艺流程：龙头企业原种繁育—孵化—父母代种鸡—孵化—商品代鸡苗—基地（合作社）养殖—产蛋—龙头企业回收—专业储藏—分级—包装—运输—商超销售

畜牧业的发达程度是衡量一个国家或地区农业发达程度的一个重要指标。养鸡业是我国畜牧业主导产业之一，相对其他产业，它具有投资少、见效快、产业链长等特点，在提高人民生活水平、促进种植业农产品转化、增加农民收入和增加农村劳动力就业等方面有其独到的优势和潜力。固始鸡及其产品以其优良的品质，完整、健全的产业体系，绿色、健康、安全的生产方式，独特的风味被市场和消费者所青睐。固始鸡的产业化开发为我国地方优质畜禽的保种和开发利用做出了表率，为振兴我国民族养鸡业做出了有益的探索，为我国地方鸡种走出国门奠定了基础，市场发展前景广阔。

参 考 文 献

邓雪娟，孙桂荣，康相涛，等，2006. 固始鸡不同品系及部分外来鸡种遗传多样性的微卫星分析 [J]. 中国畜牧杂志（21）：1-3.

杜立新，唐辉，1999. 蛋鸡饲养手册 [M]. 北京：中国农业出版社.

康相涛，崔保安，赖银生，等，2001. 实用养鸡大全 [M]. 郑州：河南科学技术出版社.

康相涛，蒋瑞瑞，杨朋坤，等，2015. 一种基于分子辅助选择的青胫隐性白羽鸡品系的培育方法 [P]. 中国发明专利：201310590937.4 [P]. 2015-09-09.

康相涛，杨朋坤，蒋瑞瑞，等，2015. 一种用于检测鸡青胫性状连锁 SNP 位点基因型的引物、试剂盒及检测方法 [P]. 中国发明专利：CN201410145047.7 [P]. 2015-01-21.

刘凯，张立恒，康相涛，等，2010. 固始-安卡鸡 F2 资源群 Δ-9 脂肪酸脱氢酶基因第 4、5、6 外显子 SNP 及其与脂肪酸相关性研究 [J]. 江西农业学报，22（1）：143-147.

刘文奎，邹奋，方开旺，等，1986. 禽蛋的质量指标及其测定方法 [J]. 国外畜牧：猪与禽（27）：52-54.

邱祥聘，1993. 家禽学 [M]. 成都：四川科学技术出版社.

宋素芳，康相涛，李孝法，等，2002. 固始鸡快慢羽系胫色、羽色与羽毛生长变化规律的研究 [J]. 中国畜牧杂志，30（5）：57-60.

宋素芳，康相涛，孙桂荣，等，2003. 固始鸡快慢羽纯系的选育及自别雌雄效果研究 [J]. 华中农业大学学报，22（8）：374-377.

王晓霞，2003. 家禽孵化手册 [M]. 北京：中国农业大学出版社.

王志祥，张建云，陈文，等，2006. 固始鸡、罗曼蛋雏鸡和艾维因肉仔鸡生长、养分沉积、肉质特性的比较研究 [J]. 动物营养学报，18（2）：117-121.

杨宁，2002. 家禽保种技术的研究与应用日新月异 [J]. 中国禽业导刊（19）：20.

附　　录

《固始鸡》

(DB41/T331—2003)

1　范围

本标准规定了固始鸡的品种特性和外貌特征、生产性能、等级评定标准。

本标准适用固始鸡的品种鉴别、选育和固始鸡的分级评定。

2　品种特性和外貌特征

2.1　品种特性

固始鸡性情活泼、耐粗食、觅食力强、适应性强。成年母鸡肉质风味独特，汤汁醇厚、营养丰富，产蛋性能较高，蛋壳厚，颜色以浅褐色为主，属肉蛋兼用型地方品种。

2.2　外貌特征

固始鸡个体中等，体躯呈三角形，外观清秀灵活，体型细致紧凑，结构匀称，羽毛丰满。成鸡冠分单冠和豆冠两种，以单冠居多，冠直立，冠齿为6个。冠、肉垂、耳叶和脸面均呈红色。眼大略向外突起，虹彩呈浅栗色。喙短略弯曲呈青色，胫细长，呈靛青色，无胫羽，四趾。尾型独特，分为佛手状尾和直尾两种，以佛手状为主，佛手状尾，向后方卷曲。皮肤呈暗白色。公鸡羽色呈深红色、镰羽多带黑色而富有青铜光泽，颈羽金黄发亮；母鸡羽色以麻黄色和黄色为主，少数呈白羽、黑羽。

2.3　体重和体尺

成年（36周龄）固始鸡的体重和体尺见表1。

表1

性别	体重（kg）	体尺（cm）					
		体斜长	胸宽	胸深	胸骨长	盆骨宽	胫长
公鸡	2.510～2.610	23.0～23.4	7.0～7.4	10.2～10.8	11.2～11.8	7.8～8.2	11.3～11.9
母鸡	1.836～1.908	21.3～21.7	6.6～7.0	9.4～9.8	10.0～10.6	7.6～8.0	9.2～9.6

3 生产性能

3.1 肉用性能

3.1.1 固始鸡生长期各阶段体重标准见表2。

表2

性别	体重（kg）				
	初生重	30 日龄	60 日龄	90 日龄	120 日龄
公鸡	0.032～0.034	0.260～0.290	0.760～0.810	1.310～1.340	1.660～1.700
母鸡	0.031～0.033	0.230～0.260	0.640～0.690	1.020～1.050	1.240～1.280

3.1.2 36 周龄固始鸡屠宰性能见表3。

表3

性别	半净膛率（%）	全净膛率（%）	胸肌率（%）	腿肌率（%）
公鸡	80～84	70～74	14～16	22～24
母鸡	78～82	68～72	18～20	20～22

3.2 产蛋性能

固始鸡产蛋性能见表4。

表4

开产日龄	开产体重（kg）	68 周龄产蛋数（个）	平均蛋重（kg/个）	蛋形指数	蛋壳厚度（mm）
161～176	1.540～1.620	158～168	0.048～0.052	1.31～1.33	0.32～0.35

3.3 繁殖性能及生活力

成年固始鸡繁殖性能及生活力见表5。

表5

公母比例（自然交配）	种蛋受精率（%）	受精蛋孵化率（%）	育雏存活率（%）	育成存活率（%）
1：10～1：14	85～90	88～93	90～95	92～96

3.4 固始鸡种鸡育雏育成期体重及耗料推荐标准

3.4.1 固始鸡育雏育成期为 1～23 周龄。

3.4.2 笼饲条件下，固始鸡育雏育成期体重及耗料标准见附录 A。

3.5 入舍固始鸡产蛋期产蛋及耗料推荐标准

3.5.1 入舍固始鸡指周龄超过 23 周的固始鸡。

3.5.2 入舍固始鸡产蛋期产蛋及耗料标准见附录 B。

3.6 固始鸡饲料基本营养需要量标准见附录 C

4 固始鸡评定标准

4.1 评定分级范围

固始鸡应符合本标准 2.1～2.2 的要求，青腿、青喙缺一者，属于失格，不能评定分级。

4.2 等级评定要求

4.2.1 固始蛋种鸡根据 68 周龄产蛋数、20 周龄胫长进行综合评定见表 6。

表 6

20 周龄胫长（cm） 综评等级 68 周龄 产蛋数（个）	优（>9.6）	良（9.2～9.6）	合格（<9～9.2）
优（>168）	优	优	良
良（158～168）	优	良	合格
合格（<148～158）	良	合格	合格

4.2.2 固始肉鸡根据 120 日龄体重、全净膛屠宰率进行综合评定见表 7。

表 7

全净膛屠宰率（%） 综评等级 120 日龄体重（kg）	优（>72，♂） （>70，♀）	良（68～72，♂） （66～70，♀）	合格（<68～64，♂） （<68～63，♀）
优（>1.70，♂）（>1.28，♀）	优	优	良
良（1.66～1.70，♂） （1.24～1.28，♀）	优	良	合格
合格（<1.66～1.50，♂） （<1.24～1.12，♀）	良	合格	合格

附录 A

（参考性附录）

表 A　笼饲条件下，固始鸡育雏育成期体重及耗料推荐标准

周龄	周末体重（kg）		喂料量（kg/日、只）		周龄	周末体重（kg）		喂料量（kg/日、只）	
	公鸡	母鸡	公鸡	母鸡		公鸡	母鸡	公鸡	母鸡
1					13	1.330	1.040	0.069	0.057
2					14	1.420	1.100	0.072	0.063
3					15	1.510	1.150	0.073	0.064
4			自由采食		16	1.600	1.200	0.076	0.066
5					17	1.680	1.260	0.079	0.072
6					18	1.760	1.300	0.081	0.076
7					19	1.840	1.360	0.085	0.080
8					20	1.920	1.410	0.098	0.086
9	0.860	0.720	0.053	0.044	21	1.980	1.450	0.105	0.092
10	0.990	0.800	0.056	0.047	22	2.060	1.480	0.110	0.095
11	1.100	0.880	0.060	0.050	23			0.115	0.098
12	1.210	0.960	0.064	0.054					

注：表中所列数值为平均值，实际使用时允许有±5%的误差。

附录 B

（参考性附录）

表 B　入舍固始鸡产蛋期产蛋及耗料标准

周龄	产蛋周	产蛋率（%）	日均耗料（kg/只）	周末体重（kg）
23	1	6	0.098	1.540
24	2	20	0.102	1.580
25	3	50	0.110	1.620
26	4	60	0.112	1.660
27	5	68	0.116	1.680
28	6	73	0.122	1.700
29	7	75	0.122	1.720
30	8	75	0.122	1.740
31	9	74	0.120	1.750
32	10	74	0.120	1.760

（续）

周龄	产蛋周	产蛋率（%）	日均耗料（kg/只）	周末体重（kg）
33	11	73	0.118	1.770
34	12	73	0.118	1.780
35	13	72	0.118	1.780
36	14	72	0.118	1.780
37	15	71	0.118	1.780
38	16	70	0.116	1.780
39	17	69	0.116	1.785
40	18	67	0.116	1.785
41	19	66	0.114	1.790
42	20	64	0.112	1.790
43	21	62	0.112	1.790
44	22	60	0.110	1.795
45	23	58	0.110	1.795
46	24	57	0.110	1.795
47	25	55	0.110	1.795
48	26	52	0.110	1.795
49	27	51	0.110	1.800
50	28	50	0.118	1.800
51	29	50	0.118	1.800
52	30	50	0.116	1.800～1.900
53	31	49	0.116	
54	32	48	0.115	
55	33	48	0.115	
56	34	48	0.115	
57	35	46	0.115	
58	36	46	0.114	
59	37	45	0.114	
60	38	45	0.114	
61	39	45	0.114	
62	40	44	0.112	
63	41	44	0.112	
64	42	43	0.112	
65	43	43	0.112	
66	44	43	0.112	
67	45	42	0.112	
68	46	42	0.110	

附录 C

（参考性附录）

表 C 固始鸡饲料基本营养成分推荐表

项 目		育雏期	育成期	产蛋期
粗蛋白质（%）		19.0	16.0	16.5
代谢能（MJ/kg）		12.13	11.51	11.72
蛋能比（g/MJ）		15.66	13.90	14.08
亚油酸（%）		1.20	1.30	1.50
钙（%）		0.90	1.00	3.20
有效磷（%）		0.45	0.42	0.44
钠（%）		0.16	0.16	0.17
赖氨酸（%）		1.00	0.78	0.80
蛋氨酸（%）		0.35	0.35	0.38
蛋氨酸＋胱氨酸（%）		0.76	0.56	0.64
色氨酸（%）		0.20	0.17	0.18
苏氨酸（%）		0.55	0.50	0.52
异亮氨酸（%）		0.64	0.53	0.56
微量元素 （mg/kg）	锰	90	90	90
	锌	55	55	55
	铁	35	35	35
	铜	6.0	6.0	6.0
	碘	0.45	0.45	0.45
	硒	0.20	0.20	0.20
每 1 kg 料 中添加量	维生素 A（IU）	11 000	11 000	11 000
	维生素 D_3（IU）	1 800	1 200	1 800
	维生素 E（IU）	12	6	12
	维生素 K_3（mg）	2.5	1.5	2.5
	硫胺素（mg）	2.0	1.8	2.0
	核黄素（mg）	5.0	5.0	8.0
	α-泛酸（mg）	10.0	9.0	11.0
	烟酸（mg）	30	30	35
	维生素 B_6（mg）	1.0	1.0	5.0
	生物碱（mg）	0.1	0.1	0.2
	胆碱（mg）	400	300	400
	维生素 B_{12}（mg）	0.01	0.005	0.01
	叶酸（mg）	0.5	0.3	0.5